装配式建筑系列新形态教材

装配式混凝土建筑概论

胡兴福　陈锡宝　编著

清华大学出版社

北　京

内 容 简 介

本书为装配式建筑系列新形态教材之一，根据土木建筑类专业开展装配式建筑教学需要编写。全书分为 6 个教学单元，即装配式建筑概述，装配式混凝土建筑的材料、构件与连接，装配式混凝土建筑施工图，装配式混凝土构件生产，装配式混凝土建筑施工技术，装配式混凝土建筑质量与安全管理。

本书既可作为高职土建类专业相关课程教材，也可作为装配式建筑培训教材或供建筑工程技术人员参考。

图书在版编目（CIP）数据

装配式混凝土建筑概论 / 胡兴福，陈锡宝编著.—北京：清华大学出版社，2024.3
装配式建筑系列新形态教材
ISBN 978-7-302-65428-5

Ⅰ.①装…　Ⅱ.①胡…②陈…　Ⅲ.①装配式混凝土结构—教材　Ⅳ.① TU37

中国国家版本馆 CIP 数据核字（2024）第 043350 号

责任编辑：杜　晓
封面设计：曹　来
责任校对：刘　静
责任印制：曹婉颖

出版发行：清华大学出版社
　　网　　　址：https://www.tup.com.cn, https://www.wqxuetang.com
　　地　　　址：北京清华大学学研大厦 A 座　　　　　　邮　　编：100084
　　社 总 机：010-83470000　　　　　　　　　　　　邮　　购：010-62786544
　　投稿与读者服务：010-62776969, c-service@tup.tsinghua.edu.cn
　　质量反馈：010-62772015, zhiliang@tup.tsinghua.edu.cn
　　课件下载：https://www.tup.com.cn, 010-83470410
印 装 者：三河市铭诚印务有限公司
经　　销：全国新华书店
开　　本：185mm×260mm　　　印　　张：12.75　　　字　　数：264 千字
版　　次：2024 年 5 月第 1 版　　　　　　　　　印　　次：2024 年 5 月第 1 次印刷
定　　价：49.00 元

产品编号：095471-01

前　言

建筑工业化是建筑业转型发展的方向。目前，我国装配式建筑的规模和发展速度达到了前所未有的程度。紧跟服务行业发展步伐，为行业转型发展培养合格的装配式建筑人是土建类专业的重要使命。基于对我国建筑业转型升级和行业发展趋势的认识，清华大学出版社组织编写了"装配式建筑系列新形态教材"，本书为该系列教材之一。

本书编写体现了以下 5 个特点。

第一，对接职业岗位和行业前沿。与装配式建筑骨干企业合作，对接岗位职业能力要求，根据近年来发布的新标准、新规范、图集和工艺工法组织教学内容，突出职业能力。

第二，呈现形式新颖。本书改变传统教材编写模式，充分运用互联网技术和手段，将技术标准、生产工艺与流程及施工技术各环节以生动、灵活、动态、重复、直观等形式配合课堂教学和实训操作展现出来，形成较为完整的教学资源。

第三，书中内容紧贴生产和施工实际，融入真实的工程实例，理论阐述、实验实训内容和范例有鲜明的应用实践性和技术实用性。本书注重对学生实践能力的培养，体现技术技能人才的培养要求，彰显实用性、直观性、适时性、新颖性和先进性等特点。

第四，落实立德树人的根本任务。本书全面贯彻党的二十大报告精神，引导学生积极践行社会主义核心价值观，推动形成绿色低碳的生产方式和生活方式，有机融入工匠精神和职业理想、职业道德、规范意识、质量意识、安全意识培养，弘扬劳动光荣、技能宝贵、创造伟大的时代风尚。

第五，本书在编写时力求内容精炼、重点突出、图文并茂、文字通俗，配合二维码等互联网技术和手段，体现时代特征。

本书由四川建筑职业技术学院和华构科技有限公司（以下简称华构科技）联合开发，主要编写人员为四川建筑职业技术学院胡兴福，上海城建职业学院陈锡宝，华构科技刘洪春，枣庄科技职业学院王光炎、侯倩。本书由华构科技廖海军主审。

在编写本书的过程中，编著者参考了大量的相关文献资料，谨在此对相关作者表示感谢。由于装配式建筑在我国尚有很多课题正在研究探索之中，加上编著者理论水平和实践经验有限，书中不足之处在所难免，恳请专家读者批评指正。

编著者

2024 年 1 月

目　录

教学单元 1　装配式建筑概述 ·· 1

1.1　装配式建筑的概念和特点 ·· 2

　　1.1.1　装配式建筑的概念 ·· 2

　　1.1.2　装配式建筑的特点 ·· 2

1.2　装配式建筑的类型 ·· 3

　　1.2.1　装配式钢结构建筑 ·· 3

　　1.2.2　装配式木结构建筑 ·· 11

　　1.2.3　装配式混凝土结构建筑 ·· 18

1.3　装配式建筑的相关概念 ·· 26

　　课后练习题 ·· 28

教学单元 2　装配式混凝土建筑的材料、构件与连接 ·· 29

2.1　装配式混凝土建筑的材料 ·· 30

　　2.1.1　混凝土 ·· 30

　　2.1.2　钢筋和钢材 ·· 30

　　2.1.3　连接材料 ·· 31

2.2　装配式混凝土建筑的主要构件 ·· 36

　　2.2.1　预制柱 ·· 36

　　2.2.2　预制梁 ·· 37

　　2.2.3　预制墙板 ·· 38

　　2.2.4　预制楼板 ·· 42

　　2.2.5　预制楼梯 ·· 45

　　2.2.6　功能性部品 ·· 46

2.3　装配式混凝土建筑的连接构造 ·· 48

　　2.3.1　钢筋接头 ·· 48

　　2.3.2　叠合楼盖的连接构造 ·· 48

　　2.3.3　预制楼梯的连接构造 ·· 50

2.3.4 装配整体式框架结构的连接构造 ……………………… 50

2.3.5 装配整体式剪力墙结构的连接构造 …………………… 54

2.3.6 多层装配式剪力墙结构 ………………………………… 59

2.3.7 预制外墙板的接缝构造 ………………………………… 62

课后练习题 ………………………………………………………… 65

教学单元 3 装配式混凝土建筑施工图 …………………………… **66**

3.1 装配式建筑施工图的组成 ……………………………………… 67

3.2 装配式混凝土结构施工图的图示方法 ………………………… 68

3.2.1 装配式混凝土结构施工图的表示方法 ………………… 68

3.2.2 装配式结构专项说明 …………………………………… 68

3.2.3 现浇结构及基础施工图 ………………………………… 69

3.2.4 装配式混凝土剪力墙结构施工图 ……………………… 69

3.2.5 装配式混凝土框架结构施工图 ………………………… 84

3.2.6 装配整体式框架—现浇剪力墙结构施工图 …………… 91

3.3 装配式混凝土建筑施工图识读 ………………………………… 93

课后练习题 ………………………………………………………… 96

教学单元 4 装配式混凝土构件生产 ……………………………… **97**

4.1 预制构件的生产方式和设施设备 ……………………………… 98

4.1.1 生产方式 ………………………………………………… 98

4.1.2 生产设备 ………………………………………………… 99

4.1.3 模具 ……………………………………………………… 102

4.2 预制构件的制作 ………………………………………………… 103

4.2.1 固定台模生产线预制构件制作流程 …………………… 103

4.2.2 自动化流水线预制构件制作流程 ……………………… 111

4.3 预制构件的堆放与运输 ………………………………………… 114

4.3.1 构件堆放 ………………………………………………… 114

4.3.2 构件运输 ………………………………………………… 116

4.4 预制构件的生产管理 …………………………………………… 117

4.4.1 生产质量管理 …………………………………………… 117

4.4.2 生产安全管理 …………………………………………… 120

4.4.3 生产环境保护 …………………………………………… 120

课后练习题 ………………………………………………………… 122

教学单元 5　装配式混凝土建筑施工技术 ……………………………………………… **123**

5.1　施工准备工作 ……………………………………………………………… 124

　　5.1.1　施工方法选择 ……………………………………………………… 124

　　5.1.2　吊装机械选择 ……………………………………………………… 124

　　5.1.3　施工平面布置 ……………………………………………………… 125

　　5.1.4　机具准备 …………………………………………………………… 125

　　5.1.5　劳动组织准备 ……………………………………………………… 125

　　5.1.6　其他准备工作 ……………………………………………………… 126

5.2　灌浆套筒连接施工 ………………………………………………………… 126

　　5.2.1　施工准备 …………………………………………………………… 126

　　5.2.2　制备灌浆料 ………………………………………………………… 126

　　5.2.3　灌浆施工 …………………………………………………………… 127

5.3　装配整体式剪力墙结构的施工 …………………………………………… 128

　　5.3.1　施工流程 …………………………………………………………… 128

　　5.3.2　剪力墙板的安装 …………………………………………………… 128

　　5.3.3　叠合楼板的安装 …………………………………………………… 131

　　5.3.4　预制楼梯安装 ……………………………………………………… 134

　　5.3.5　预制混凝土阳台、空调板、太阳能板的安装施工 ……………… 135

5.4　双面叠合剪力墙结构的施工 ……………………………………………… 136

　　5.4.1　施工流程 …………………………………………………………… 136

　　5.4.2　叠合墙板的安装 …………………………………………………… 136

5.5　装配整体式框架结构的施工 ……………………………………………… 139

　　5.5.1　施工流程 …………………………………………………………… 139

　　5.5.2　框架柱的安装 ……………………………………………………… 139

　　5.5.3　叠合梁、楼板的安装施工 ………………………………………… 141

5.6　装配式建筑铝模的施工 …………………………………………………… 144

　　5.6.1　铝模组成及特点 …………………………………………………… 144

　　5.6.2　施工准备 …………………………………………………………… 144

　　5.6.3　铝模的安装 ………………………………………………………… 144

课后练习题 ……………………………………………………………………… 148

教学单元 6　装配式混凝土建筑质量与安全管理 …………………………………… **149**

6.1　装配式建筑工程项目管理方式 …………………………………………… 150

　　6.1.1　装配式建筑工程项目管理模式 …………………………………… 150

　　6.1.2　工程总承包项目管理要点 ·················· 152

　6.2　预制构件生产阶段的质量控制与验收 ·················· 155

　　6.2.1　预制构件生产用原材料的检验 ·················· 155

　　6.2.2　预制混凝土构件生产质量控制 ·················· 165

　　6.2.3　预制构件成品的出厂质量检验 ·················· 170

　6.3　装配式混凝土结构施工质量控制与验收 ·················· 170

　　6.3.1　预制构件的进场验收 ·················· 170

　　6.3.2　预制构件安装施工过程的质量控制 ·················· 172

　　6.3.3　装配式混凝土结构子分部工程的验收 ·················· 183

　6.4　装配式建筑施工安全管理 ·················· 184

　　6.4.1　预制构件运输 ·················· 185

　　6.4.2　预制构件现场堆放 ·················· 185

　　6.4.3　预制构件吊装 ·················· 185

　　6.4.4　预制构件临时支撑体系 ·················· 186

　　6.4.5　脚手架工程 ·················· 187

　　6.4.6　高处作业安全防护 ·················· 187

　课后练习题 ·················· 188

参考文献 ·················· 189

附录1　装配式混凝土建筑施工图 ·················· 191

附录2　本书配套资源 ·················· 192

教学单元 1　装配式建筑概述

 知识图谱

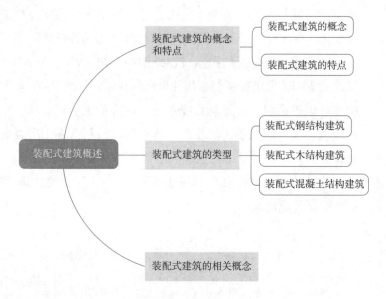

微课：装配式
建筑概述

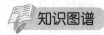 **学习目标**

△ 知识能力目标

（1）理解装配式建筑的概念和特点。

（2）了解装配式钢结构建筑与装配式木结构建筑的概念、结构体系和特点。

（3）掌握装配式混凝土建筑的概念、结构体系和特点。

（4）理解装配式建筑的相关概念。

☞ 课程思政目标

（1）理解装配式建筑对"双碳"的意义。

（2）深刻领会绿色发展理念，作为新时代土建类专业大学生和未来建筑行业从业者，要自觉践行绿色低碳的生产方式和生活方式。

1.1 装配式建筑的概念和特点

1.1.1 装配式建筑的概念

什么是
装配式建筑

建筑业是我国国民经济的支柱产业。自改革开放以来，我国建筑行业蓬勃发展，不仅为人民提供了适用、安全、经济、美观的居住和生产生活环境，提高了人民的生活水平，还改善了城市与乡村的面貌，推进了城市化的进程。然而，建筑行业传统的建造方式已经暴露出诸多严重的问题：生态环境破坏严重，资源能源低效利用；建筑安全事故高发；生产效率低，建筑质量难以保障。因此，建筑业亟需转型发展。工业化是建筑业重要的发展方向之一。所谓建筑工业化，是指通过现代化的制造、运输、安装和科学管理的生产方式，代替传统建筑业中分散的、低水平的、低效率的手工业生产方式。建筑工业化的主要特征是建筑设计标准化、构配件生产工厂化、施工机械化、组织管理科学化。

装配式建筑是指结构系统、外围护系统、设备与管线系统、内装系统的主要部分采用预制部品部件集成的建筑。所谓部品，是指由工厂生产，构成外围护系统、设备与管线系统、内装系统的建筑单一产品或复合产品组装而成的功能单元的统称。所谓部件，是指在工厂或现场预先生产制作完成，构成建筑结构系统的结构构件及其他构件的统称。通俗地讲，装配式建筑就是像造汽车那样造房子，用工厂生产的预制部品部件在工地装配而形成建筑。

扩展阅读

"双碳"概念

"碳达峰"是指在某一个时点，二氧化碳的排放达到峰值不再增长，之后逐步回落。"碳达峰"是二氧化碳排放量由增转降的历史拐点，标志着碳排放与经济发展实现脱钩，达峰目标包括达峰年份和峰值。

"碳中和"是指企业、团体或个人测算在一定时间内，直接或间接产生的温室气体排放总量，通过植树造林、节能减排等形式，抵消自身产生的二氧化碳排放，实现二氧化碳的"零排放"。简单地说，也就是"排放的碳"与"吸收的碳"相等。

1.1.2 装配式建筑的特点

装配式建筑顺应了建筑工业现代化的要求，具有如下特点：一是具有极高的施工效率。相较于传统建造方式，装配式建筑采用模块化设计和工厂预制的方式，现场施工以吊装为主。将预制装配式构件直接进行吊运以及安装，而不必再在施工现场进行现场施工作业。施工现场类似于一个制造企业的总装车间，通过将每部分的预制构件按照设计方案进行拼装，最终组建成建筑。因此，缩短了现场施工时间，大大提升了施工效率，受气候条件影响小。二是装配式建筑对环境友好且具有节能效果。通过优化设计和工艺流程，装配式建筑可减少材料的浪费和能源消耗，对环境造成的影响非常小。同时，装配式建筑还能更好地实现建筑节能，提高建筑能效。三是装配式建筑具备良好的质量可控性。由于在工厂环境中进行预制和集中生产，装配式建筑可以更好地控制材料质量和施工精度，进而提高了整体建筑的质量水平。研究数据显示，装配化施工可以节约土地 20%、节约材料 20%、节约能源 70%、节约水量 80%。

装配式建造方式与传统建造方式的区别如表 1-1 所示。

表 1-1 装配式建造方式与传统建造方式的区别

建造阶段	传统建造方式	装配式建造方式
设计阶段	设计与生产、施工脱节	一体化、信息化协同设计
施工阶段	现场湿作业、手工操作	装配化、专业化、精细化
装修阶段	毛坯房、二次装修	装修与主体结构同步
验收阶段	分部、分项抽检	全过程质量控制
管理阶段	以农民工劳务分包为主，追求各自效益	工程总承包管理，追求整体效益最大化

1.2 装配式建筑的类型

装配式建筑主要可分为装配式钢结构建筑、装配式木结构建筑及装配式混凝土建筑 3 种类型。

1.2.1 装配式钢结构建筑

1. 装配式钢结构体系

装配式钢结构建筑是指结构系统由钢部（构）件构成的装配式建筑。

现阶段，我国装配式钢结构体系主要可分为低层轻钢结构体系和多层及小高层轻钢结构体系两类。

装配式
钢结构体系

扩展阅读

欧美装配式钢结构建筑

欧洲国家如英国、法国、德国等国钢结构产业化体系相对成熟，钢结构加工精度较高，标准化部品齐全，配套技术和产品较为成熟。欧洲钢结构主要应用领域包括工业单体建筑、商业办公楼、多层公寓、户外停车场等。

欧洲钢结构企业大多比较小，多和建筑公司相融合，并成为建筑工程公司的下属子公司。美国大多数钢结构企业已经转型为专业的建筑施工企业，多数钢结构工厂规模不大，员工人数仅相当于我国中等规模企业的员工人数。

典型的欧美装配式钢结构采用的是轻钢龙骨体系，如图1-1所示。该体系的承重墙体、楼盖、屋盖及围护结构均由冷弯薄壁型钢及其组合件组成，通过螺栓及扣件进行连接，一般适用于3层以下的独立或联排住宅。

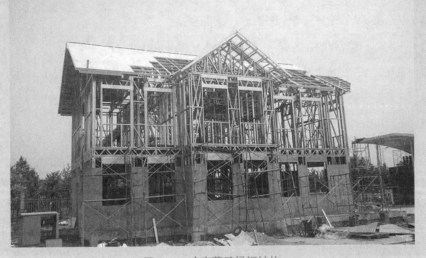

图1-1　冷弯薄壁轻钢结构

作为"密肋型结构体系"之一，轻钢龙骨住宅主要具有以下优点：

（1）自重小，基础费用和运输安装费用较少；

（2）各种配件均可工厂化生产，精度高、质量好；

（3）房间空间大、布置灵活；

（4）具有良好的抗风和抗震性能；

（5）施工安装简单、施工速度快、建筑垃圾少、材料易于回收；

（6）室内水电管线可暗藏于墙体和楼板结构中，可保证室内空间完整；

（7）不需要二次装修。

1）低层轻钢结构体系

（1）轻钢龙骨承重墙体系。此类住宅以镀锌轻钢龙骨作为承重体系，板材起围护结构体系和分隔空间作用。外墙板采用经过防火防腐处理的定向结构刨花板（oriented strand board，OSB）、PVC外墙挂板、金邦板等。内墙通常采用双面防火纸面石膏板，厚度为9~15mm。厨房、卫生间等潮湿房间采用防水石膏板或埃特板等。该体系较适用于中、低层装配式轻钢结构，不适用于强震区的高层建筑。

（2）轻钢框架结构体系。这种体系采用的是型钢梁柱框架结构，如图1-2所示。型钢一般分为热轧或冷轧H型钢、方钢或圆钢管。该体系承重楼板采用大跨度预应力空心板，外围护结构为轻钢龙骨骨架、饰面及保温材料与轻钢龙骨承重墙体系中的外围护材料类似。该体系一般适用于6层及以下的多层建筑，不适用于强震区的高层建筑，且用于高层建筑经济性相对较差。

图1-2　型钢梁柱框架结构

2）多层及小高层轻钢结构体系

（1）钢框架体系。该体系有较大的变形能力，结构简单，抗震性能良好，房间布置灵活，一般用于多层住宅及低抗震设防烈度区的小高层住宅。

（2）钢框架—支撑体系。该体系属于钢框架和支撑双重抗侧力体系，支撑可选用中心支撑、偏心支撑和内藏钢板支撑等，图1-3为远大节点斜撑加强型钢框架体系。该体系是高层钢结构中应用比较广泛的结构体系，适用于高层及超高层住宅。

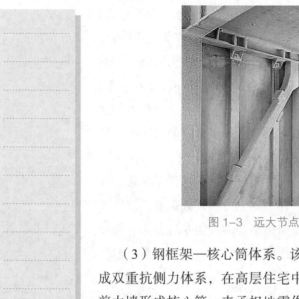

图1-3　远大节点斜撑加强型钢框架体系

（3）钢框架—核心筒体系。该体系由钢框架和钢筋混凝土核心筒组成双重抗侧力体系，在高层住宅中通常将楼梯、电梯间等公共区域设置剪力墙形成核心筒，来承担地震作用等水平荷载，外围钢框架承担竖向力，如图1-4所示。这类结构体系是早期钢结构的常用体系。

图1-4　钢框架—核心筒体系

（4）钢框架模块—核心筒体系。该体系主体钢框架模块结构、室内精装修全部在工厂完成，现场只需完成模块吊装、连接及外墙装饰。核心筒是模块建筑体系的抗侧力核心，钢框架模块承担竖向荷载。

（5）钢框架—混凝土剪力墙体系。该体系是由钢框架和钢筋混凝土剪力墙（或钢板剪力墙）组成的双重抗侧力体系。

（6）钢管束混凝土剪力墙结构体系。该体系是由钢梁和钢管束混凝土剪力墙组成的承受竖向和水平作用的结构体系，如图1-5所示。其中钢管束是由若干U型钢、矩形钢管、钢板拼装组成的，具有多个竖向空腔的结构单元，钢管束混凝土剪力墙则是由钢管束与内填混凝土形成的组合受力构件。

图 1-5　钢管束剪力墙体系

2. 装配式钢结构建筑的特点与应用

钢结构是比较符合"绿色建筑"概念的结构形式之一。因为钢结构适合工厂化生产，所以可以将钢结构的设计、生产、施工、安装通过 BIM 平台实现一体化，变"现场建造"为"工厂制造"，提高住宅的工业化和商品化水平。同时，钢结构自重小，基础造价低，其施工安装便捷，施工周期较短，而且可以实现现场干作业，减少环境污染，材料还可以回收利用，符合国家倡导的环境保护政策。图 1-6 为装配式钢结构建筑。

图 1-6　装配式钢结构建筑

1）装配式钢结构建筑的优点

（1）空间布置灵活、集成化程度高

钢结构开间尺寸较大，墙体多为非承重墙，平面空间布置灵活，可根据需求进行二次分割和布置。此外，经合理设计后，可将室内水电管线、暖通设备及吊顶融合于墙体和楼板中，保证室内空间完整。

（2）自重小、承载力高、抗震性能优越

装配式钢结构的主要承重构件均采用薄壁钢管和轻型热轧型钢，截面受力更加合理，单位质量较小。同时，墙体和楼板均采用轻质材料，在相同荷载作用下，可减轻建筑结构自重30%左右。这使得装配式钢结构建筑在地震中承受的地震作用较小，能充分发挥钢材强度高、延性好、塑性变形能力强的特点，提高了结构的安全可靠性。同时，较小的质量可以降低基础造价以及运输、安装等费用。

（3）绿色、环保、节能与可持续发展

与传统混凝土建筑不同，装配式钢结构建筑在生产、建造过程中不会产生大量的废料污染环境，取而代之的是工厂加工和现场装配，在降低能耗的同时，减少了现场工作量与施工噪声。此外，装配式钢结构建筑改建和拆迁容易，材料的回收和再生利用率高，可实现建筑异地再生，是真正意义上的绿色建筑。

（4）建造周期短、产品质量高

由于装配式钢结构建筑具有工厂预制、现场安装的特点，前期设计和现场的生产手段结合紧密，便于各工种之间协调一致，提高整体效率。通过网络使计算机和数控机床连接，保证了高效率和精确度。具有代表性的远大集团30层约17000m²的装配式钢结构建筑，仅15d就能安装完成。

（5）利于推进建筑工业化

与混凝土结构建筑相比，钢结构建筑更容易实现设计的标准化与系列化、构件配件生产的工厂化、现场施工的装配化、完整建筑产品供应的社会化。所有部（构）件均可采用工业化生产方式，实现技术集成化，提高科技含量和使用功能。

（6）综合经济效益高

钢结构承载力高，构件截面小，节省材料；结构自重小，降低了基础处理的难度和费用；装配式钢结构部件工厂流水线生产，减少了人工费用和模板费用等。

2）装配式钢结构建筑的缺点

（1）钢结构防火性能差

钢材是一种很好的热导材料。普通建筑用钢材（如 Q235 或 Q345），在全负荷状态下失去静态平衡稳定性的临界温度为 500℃左右，一般在 300~400℃时钢材强度就开始迅速下降。一般无任何保护及覆盖物的钢结构耐火极限只有 15min 左右，远远低于《建筑设计防火规范》（GB 50016—2014）（2018 年版）的要求，即柱 3.0h、梁 2.5h 的防火要求。因此，钢结构防火问题已成为钢结构产业化发展的瓶颈问题。

（2）钢结构三板体系有待完善

三板体系包括楼面体系、屋面体系和墙体体系，后两者又属于围护体系。钢结构具有较大延性，对板材有特殊要求，尤其是墙体，除美观、轻质、高强、高效、保温、隔热的要求外，最重要的是要与钢结构骨架协调变形。目前常用的外围护结构，如条板、整间板、砌块等，细部节点不能很好地适应结构变形，导致板缝开裂、渗漏等问题，图 1-7 为某钢结构建筑出现问题的实例。

图 1-7　某钢结构建筑墙板、屋面板开裂渗漏

钢结构建筑主要应用于工业建筑和民用建筑。工业建筑主要包括大跨度工业厂房、单层和多层厂房、仓储库房等。民用建筑包括两类，一类是学校、医院、体育、机场等公共建筑；另一类是居住类建筑，即轻钢集成住宅和高层钢结构住宅。

我国钢产量发展历史

1896—1948 年，全中国累计钢产量为 760 万 t。其中达到最高年产量的 1943 年，也只有 92.3 万 t，而且绝大部分产量还分布在日本侵占的东北地区。1949 年全国钢产量只有 15.8 万 t，居世界第 26 位。1996 年，突破 1 亿 t，达到 1.01 亿 t，并跃居世界第一位。2023 年，突破 10 亿 t，为 10.19 亿 t。

3. 我国装配式钢结构发展历程

1）起步阶段

中华人民共和国成立后，我国探索建设了以工业厂房为主的多个钢结构项目。在民用建筑领域，1954 年建成的跨度 57m 的北京体育馆、1959 年建成的跨度 60.9m 的北京人民大会堂万人礼堂是这一时期的代表性建筑。

2）短暂停滞

20 世纪 60 年代后期至 70 年代，各行业对钢材需求量快速增加，国家提出"建筑业节约钢材"政策要求，钢结构建筑发展进入短暂停滞期。

3）转型阶段

20 世纪 80 年代初，国家经济发展进入快车道，钢结构建筑迎来兴旺发展时期。超高层建筑大量采用钢结构体系。80 年代钢结构建筑最高为 208m，90 年代钢结构建筑最高达到 460m。1997 年，建设部发布《中国建筑技术政策（1996—2010 年）》，政策趋向由"节约用钢"转型为"合理用钢"。深圳国贸大厦、上海森茂大厦、北京国贸大厦是这一时期的代表性建筑。钢结构建筑进入快速发展时期。

4）发展阶段

进入 21 世纪，我国钢铁工业进入稳步发展阶段。随着我国成为世界第一产钢大国，钢结构也成为机场航站楼，高铁车站和跨海、跨江大桥首选的结构体系，如首都机场 3 号航站楼，北京、上海等地的高铁车站，杭州湾跨海大桥等。

2013 年，《国务院关于化解产能严重过剩矛盾的指导意见》（国发〔2013〕41 号）明确提出，在建筑领域应优先采用、优先推广钢结构建筑。2016 年，《中共中央　国务院关于进一步加强城市规划建设管理工作的若干意见》和《国务院关于钢铁行业化解过剩产能实现脱困发展的意见》（国发〔2016〕6 号）也都明确提出发展钢结构建筑，我国钢结构建筑将迎来在充足材料供给和较好技术基础上的新发展。

1.2.2　装配式木结构建筑

1.木结构体系

木结构体系

由木结构承重构件组成的装配式建筑称为装配式木结构建筑。装配式木结构建筑集传统建筑材料和现代加工、建造技术于一体，采用标准化设计、构件工厂化生产、信息化管理和现场装配的方式建造，在工厂制作加工装配式木构件、部品，包括内外墙板、梁、柱、楼板、楼梯等，然后运送到施工现场进行装配。

按照结构受力体系不同，木结构建筑主要分为梁柱结构体系和轻型木结构体系。按照木结构建筑所用木材的种类，主要分为轻型木结构、胶合木结构、原木结构三种。其中以规格材为主要建筑材料的称为轻型木结构，以层板胶合木为主要建筑材料的称为胶合木结构，以方木、原木为主要建筑材料的称为原木结构。除前述纯木结构建筑外，木结构还可以与其他结构结合形成木结构混合建筑，常用的有木与混凝土混合结构、木与钢混合结构等。

1）轻型木结构体系

轻型木结构是由规格材、木基结构板材或石膏板制作的木构架墙体、楼板和屋盖系统构成的单层或多层建筑结构。墙骨柱、楼盖格栅、轻型木桁架或椽条之间的间距一般为 600mm，当设计特别要求增加桁架间距时，最大间距不超过 1200mm。外墙的墙骨柱内侧为石膏板，外侧为定向刨花板、胶合板、外挂板或其他饰面材料，墙骨柱之间填充不燃保温材料。构件之间可采用钉、螺栓、齿板连接及通用或专用金属连接，以钉连接为主。轻型木结构可建造居住建筑、小型旅游和商业建筑等。根据构造特点的不同，轻型木框架结构分为连续式框架结构和平台式框架结构。

（1）轻质（连续式）框架结构。房屋以墙骨、地板梁、天花梁、屋顶椽子等部分组成，均采用厚度为 38mm 的木材作为建筑材料，骨架间的连接采用长钉连接，如图 1-8 所示。这种房屋由于舒适耐用、结构安全、施工周期短，成为当时公寓、旅馆、饭店的主要建筑形式。

（2）平台（非连续式）框架结构。平台框架与轻质（连续式）框架的不同在于某些地方的墙骨（外墙和部分内墙）是不连续的，在同一层的墙板高度是一致的，当第一层墙体都建立起来围合好以后，配置好楼板后，就能够在第一层楼板的基础上建立第二层结构，如图 1-9 所示。而在轻质框架（连续式框架）中，墙骨穿过楼板一直支撑到屋顶框架处

图 1-8 连续式框架结构

的顶板，这个过程中墙骨是连续的、不间断的，而恰恰由于它的连续性，不适应建筑本身和市场的发展需要，不能够提前预制，在施工过程中也不利于安装，因此轻质（连续式）框架建造方法已经被平台框架所渐渐取代。

图 1-9 平台（非连续式）框架结构

2）胶合木结构体系

胶合木结构分为胶合板结构和层板胶合结构。胶合的原理是将含水率不高于 18%、厚度为 30~45mm 的木板刨光后，通过涂胶、层叠、加压等工序，将较小尺寸木材胶合成各种截面尺寸和形状的层板胶合木，胶合木结构包括使用层板胶合木材料的桁架、拱、框架、梁及柱等，属于重型木结构体系，集成材木结构也属于此类结构。

胶合木结构房屋的墙体可以采用轻型木结构、玻璃幕墙、砌体墙及其他结构形式。构件之间主要通过螺栓、销钉、钉、剪板及各种金属连

接件连接。胶合木结构适用于单层工业建筑和多种使用功能的大中型公
共建筑，如大空间、大跨度的体育场馆，如图 1-10 所示。

图 1-10　胶合木结构

3）原木结构体系

原木结构采用规格及形状统一的方木、圆形木或胶合木构件叠合制
作，是集承重体系与围护结构于一体的木结构体系，如图 1-11 所示。其
肩上的企口上下叠合，端部的槽口交叉嵌合形成内外围护墙体。木构件
之间加设麻布毡垫及特制橡胶胶条，以加强外围护结构的防水、防风及
保温隔热。原木建筑具有优良的气密、水密、保温、保湿、隔声、阻燃
等各项绝缘性能，原木建筑自身具有可呼吸性，能调节室内湿度。原木
结构适用于住宅、医院、疗养院、养老院、托儿所、幼儿园和体育建
筑等。

图 1-11　原木结构

4）木结构混合体系

木结构混合体系是指由木结构或其构件、部件和其他材料（如钢、
钢筋混凝土或砌体等不燃结构）组成共同受力的结构体系。上部的木结

构与下部的钢筋混凝土结构通过预埋在混凝土中的螺栓和抗拔连接件连接，以实现木结构中的水平剪力和木结构剪力墙边界构件中拔力的传递。

木结构与钢结构相结合的混合建筑一般应用于大型公共建筑，如体育场馆（图1-12）。木结构与混凝土结构相结合的混合建筑，一般一层用作商业用途，上面是居民住宅楼，如图1-13所示。

图1-12　木与钢混合结构

图1-13　木与混凝土混合结构

尽管木结构建筑的允许层数最高为3层，但作为木结构混合建筑则可建到7层，即上部木结构建筑仍为3层，下部钢筋混凝土或砌体等不燃结构为4层。这增加了木结构的应用范围，是一种可行的混合结构形式。

木结构建筑、木结构混合建筑的允许层数及建筑高度如表1-2所示。

表 1-2　木结构建筑、木结构混合建筑允许层数及建筑高度

木结构建筑形式	轻型木结构	胶合木结构		原木结构	木结构混合
允许层数 / 层	3	1	3	2	7
允许建筑高度 /m	10	不限	15	10	24

2. 装配式木结构建筑的特点

装配式木结构建筑具有以下特点。

1）节能

木结构建筑符合节能环保的要求，与钢材和混凝土相比，生产木材只需要少量能源，木材消耗能源少，释放 CO_2 量少。研究表明，建造一栋面积 $136m^2$ 的住宅，按照其使用的建材来推算 CO_2 的排放量，其中钢筋混凝土为 78.5t，钢骨构造为 53t，木材仅为 18.5t；各种建筑物所使用的建材可以贮藏的 CO_2 量分别是木材为 24.5t，非木材为 4.9t，因此木结构建筑是比较符合"绿色建筑"要求的建筑之一。图 1-14 为装配式木结构建筑。

图 1-14　装配式木结构建筑

扩展阅读

木材的保温隔热性能

　　研究发现，木材的细胞组织内部可以容留空气，具有良好的保温隔热功能，与钢、铁、混凝土、塑料相比，不仅耗能最小，而且极具保温效果。同样的保温效果，木材需要的厚度是混凝土的 1/15，钢材的 1/400，使用同样保温材料的木结构比钢结构保温性能提高 15%~70%，可以有效减少对电、煤气等能源的消耗。

2）环保

从建成之日起，建筑物自身就存在着使用寿命问题，对于即将被拆除的建筑和已被拆除的建筑物，建筑垃圾一直存在于城市生活之中。以木材为主的建筑材料，同钢材、水泥等建筑材料相比，不仅温室气体排放比较少，固体废弃物较少，空气污染指数、水污染指数也都较低。同时现代木结构预制性强、工厂化高，现场作业大多采取干作业方式，湿作业量很少，所以现代木结构建筑，不仅产生的建筑垃圾最少，而且施工时对周围环境影响也小，是符合国家要求的、真正的环境友好型建筑。

3）抗震性能好

现代木结构建筑对于地震瞬间的冲击力有很好的延展性，同时木结构建筑以木材作为主体，本身质量较轻，受到地震作用较小。现代木结构还是一种高次超静定结构，在诸如地震、风暴和雪等极端荷载条件下经过验证能最大限度地恢复原状。由于现代木结构主要依靠密集的点连接（采用握钉连接方式），在面对地震时显示了极强的弹性、韧性和缓冲性，有着其他建筑无可比拟的抗震性能。在 2010 年新西兰 7.1 级地震中，木结构住宅没有造成一人死亡。

4）施工安全、周期短、可修复性强

由于现代木结构建筑的高集成性，与砖混结构建筑相比，木结构建筑施工周期较短，一般只需几个星期。随着经济的快速发展，劳动力成本不断提高，现代生活节奏加快，现代木结构建筑必将日益显示出其优势地位。

现代木结构建筑某一部分的更换、修复容易。木结构建筑一般在建筑过程中会预留修理检修口，维修时，只需要打开检修口即可，而不需要像砖墙那样挖开墙面，破坏装修。

5）使用寿命长

现代木结构住宅在欧美、日本等国家已经过多年研究，体系较为健全。若使用得当，木结构住宅是一种非常稳定、寿命长、耐久性好的天然的绿色环保建筑。

6）防潮、防虫、透气性好

现代木结构建筑是否防潮，关键在于木材的含水率，即一块木材中含有多少相对于木材本身质量的水分。经过干燥加工的木材可以保证木结构建筑的木材含水率维持在较低的水平。木结构建筑完成后，在建筑的外部加上各种防水措施，使得木结构外的水汽进不到屋内，而屋内的水汽仍然可以向室外排放，所以即使木房屋进了水，最终也能保持干燥，这就使木结构房屋成为既透气又能够有效防潮的绿色建筑。当木材的含水率达到符合设计标准时，才可以使用防腐材料来阻隔虫害，这样木结构建筑就得到了有效的保护。

7）建筑成本低

现代木结构建筑可以采取工厂预制，然后运输到工地，在施工现场进行安装。只需几名工人花费几周的时间就可建成房屋，施工安装速度大大超过钢混结构和砖混结构，节省了人工成本，降低了施工难度，提高了施工质量；且木结构在使用中节能保温，可节省家庭开支。得房率（即使用面积）要高于砖混结构房屋（砖混结构房屋只有65%~70%），而轻型木结构建筑通常能够达到90%。

8）设计、装饰灵活

现代木结构建筑作为楼面与大梁混为一体的结构，本身的质量很小，并且在设计时充分注意到质量的分散，所以现代木结构建筑结构部分基本上不会出现砖混结构中经常出现的大梁单独挑出的结构现象。这使得现代木结构建筑能够充分根据使用功能要求进行平面布置和空间划分，而不会受到结构梁柱的限制。

3. 我国木结构建筑的发展历程

木结构建筑是人类文明史上较早的建筑形式之一，在我国有着极其辉煌灿烂的历史。

扩展阅读

北美地区木结构发展现状

在北美地区，轻型木结构广泛地应用在低层住宅建筑和公用建筑。据统计，2006年美国新建单体住宅150万套和低层联体住宅35万幢，其中90%为轻型木结构。在加拿大，木材工业是国家支柱产业之一，其木结构住宅工业化程度极高，并有完整的森林培育体系。

轻型木框架结构是居住建筑常用的结构形式，同时也可用于商业及公用建筑等大型建筑。这种结构有很多优势：可标准化设计，模块化组建，施工简便，全部为干式作业，不需要挖地基，有极好的耐候性和抗风性且寿命在50年以上等。它能营造出室内好的氛围，保温、隔热、隔声、防渗透且造型优美，特别有利于创造出冬暖夏凉的室内小环境。其外形简洁，色调淡雅，充满现代化的气息。

我国木结构历史可以追溯到 3500 年前，其产生、发展、变化贯穿整个古代建筑的发展过程，也是我国古代建筑成就的主要代表。最早的木框架结构体系采用卯榫连接梁柱的形式，到唐代逐渐成熟，并在明清时期进一步发展出统一标准，如清工部《工程做法则例》。始建于辽代的山西省应县木塔是中国现存最高、最古老的一座木构塔式建筑，该塔距今近千年，历经多次地震而安然无恙；故宫的主殿太和殿是我国现存最大的木结构建筑之一，它造型庄重，体型宏伟，代表了我国木结构建筑的辉煌成就。

1949 年中华人民共和国成立时，木结构建筑仍占有较大比重。但是随着国家经济的发展，木材消耗量的加大，到 20 世纪 70 年代末，由于森林资源量急剧下降，快速工业化背景下钢铁、水泥产业的飞速发展，不仅木材在建筑中的使用难以为继，针对木结构的研究也处于停滞状态。加入 WTO 后，随着现代木结构建筑技术的引入，我国的木结构建筑开始了新一轮发展。

木结构建筑发展的政策环境不断优化，在最新发布的几个国家政策文件中分别提出在地震多发地区和政府投资的学校、幼托、敬老院、园林景观等新建低层公共建筑中采用木结构。低层木结构建筑相关标准规范不断更新和完善，逐渐形成了较为完整的技术标准体系。国内已建设了一批木结构建筑技术项目试点工程，上海、南京、青岛、绵阳等地的木结构项目实践为技术、标准的完善积累了宝贵经验，也为木结构建筑在我国的推广奠定了基础。

1.2.3 装配式混凝土结构建筑

结构系统由混凝土部件（预制构件）构成的装配式混凝土建筑，称为装配式混凝土建筑。

1. 装配式混凝土结构体系

装配式混凝土结构体系

根据结构抵抗外部作用构件的组成方式不同，装配式混凝土建筑分为不同的结构体系。而根据主要受力预制构件之间的连接构造不同，每种结构体系又可分为装配整体式混凝土结构、全装配混凝土结构等不同的类型。当主要受力预制构件之间的连接，如柱与柱、墙与墙、梁与柱或墙等预制构件之间，通过后浇混凝土和钢筋套筒灌浆连接等技术进行连接时，可保证装配式混凝土结构的整体性能，使其结构性能与现浇混凝土基本等同，此时称其为装配整体式混凝土结构。当主要受力预制构件之间连接（如墙与墙之间通过干式节点进行连接）时，结构的总体刚度与现浇混凝土结构相比，会有所降低，此类结构不属于装配整体式结构。

现阶段，我国采用的装配式混凝土结构体系如下。

1）装配式混凝土框架结构体系

装配式混凝土框架结构是指全部或者部分框架梁、柱采用预制构件构建成的装配式混凝土结构，如图 1-15 所示。装配式混凝土框架结构包括装配整体式混凝土框架结构和全装配式混凝土框架结构。

图 1-15 装配式混凝土框架结构

装配式混凝土框架结构的预制构件分为预制梁、预制柱、预制楼梯、预制楼板、预制外挂墙板等。装配式混凝土框架结构具有清晰的结构传力路径，高效的装配效率，而且现场湿作业比较少，完全符合预制装配化的结构要求，是装配式混凝土建筑重要的发展方向。这种结构形式在需要开敞大空间的建筑中比较常见，如仓库、厂房、停车场、商场、教学楼、办公楼、商务楼、医务楼等，最近几年也开始在民用建筑中使用，如居民住宅等。

2）装配式混凝土剪力墙结构体系

装配式混凝土剪力墙结构体系是指全部或者部分剪力墙采用预制构件构建成的装配式混凝土结构，如图 1-16 所示。装配式混凝土剪力墙结构包括装配整体式混凝土剪力墙结构和全装配式混凝土剪力墙结构。

装配式混凝土剪力墙结构的预制构件分为预制剪力墙、预制楼梯、预制楼板等。这种结构体系适用于较大高度的房屋，且具有较高的预制化率。但同时也存在某些缺点，如施工难度较大、拼缝连接构造较复杂等。该结构体系适用范围较广。

图 1-16　装配式混凝土剪力墙结构

　　根据剪力墙构造不同，装配式混凝土剪力墙结构可分为双面叠合混凝土剪力墙结构（图 1-17）和单面叠合混凝土剪力墙结构。双面叠合混凝土剪力墙结构是由叠合墙板和叠合楼板（现浇楼板），辅以必要的现浇混凝土剪力墙、边缘构件、梁共同形成的剪力墙结构。单面叠合混凝土剪力墙结构是指建筑物外围剪力墙采用钢筋混凝土单面预制叠合剪力墙，其他部位剪力墙采用一般钢筋混凝土剪力墙的一种剪力墙结构形式。

　　当装配式混凝土剪力墙结构体系的底部一层或几层部分剪力墙设计为框支剪力墙时，就形成了装配式混凝土部分框支剪力墙结构体系。

图 1-17　双面叠合混凝土剪力墙结构

图 1-17（续）

3）装配式混凝土框架—剪力墙体系

在装配式混凝土框架结构体系中增设剪力墙，即形成装配式混凝土框架—剪力墙体系。鉴于目前对这种结构的研究尚不充分，因此其中的剪力墙只能现浇，形成装配式混凝土框架—现浇剪力墙结构，其中框架梁、柱采用预制，剪力墙采用现浇的形式。

4）预制外挂墙板体系

安装在主体结构上，起围护、装饰作用的非承重预制混凝土外墙板称为预制外挂墙板，简称外挂墙板，如图 1-18 所示。预制外挂混凝土墙板被广泛应用于混凝土或钢结构的框架结构中。一般情况下，预制外挂墙板作为非结构承重构件，可起围护、装饰、外保温的作用。建筑外挂墙板饰面种类可分为面砖饰面外挂板、石材饰面外挂板、清水混凝土饰面外挂板、彩色混凝土饰面外挂板等。

图 1-18 外挂墙板

由于预制外挂墙板具有设计美观、施工环保、造型变化灵活等优点，近年来，在我国的应用愈加广泛。预制外挂墙板可以达到高质量的建筑外观效果，如石灰岩或花岗岩、砖砌体的复杂纹理和轮廓等。而通过采用传统的方法贴敷来取得这些外观效果是非常昂贵的。预制外挂墙板被用在各种建筑物的外墙，如公寓、办公室、商业建筑、教育和文化设施等。

5）盒子结构体系

盒子结构是工业化程度较高的一种装配式建筑形式，是整体装配式建筑结构体系的一种，预制程度能够达到 90%。这种体系是在工厂中将房间的墙体和楼板连接起来，预制成箱形整体，甚至其内部的部分或者全部设备和装修工作，门窗、卫浴、厨房、电器、暖通、家具等都已经在箱体内完成，运至现场后直接组装成整体。

盒子结构体系能够把现场工作量控制在最低限度，单位面积混凝土的消耗量很少，只有 $0.3m^3$ 左右。与传统建筑相对比，可以节省 20% 左右的钢材与 20% 左右的水泥，而且其自重也会减轻大半。

我国现行规范采用的结构体系包括装配整体式框架结构、装配整体式剪力墙结构、装配整体式框架—现浇剪力墙结构、装配整体式部分框支剪力墙结构，其最大适用高度如表 1-3 所示。

表 1-3　装配整体式结构房屋最大适用高度　　　　　　　　　单位：m

结构类型	非抗震设计	抗震设防烈度			
		6 度	7 度	8 度（0.2g）	8 度（0.3g）
装配整体式框架结构	70	60	50	40	30
装配整体式框—现浇剪力墙结构	150	130	120	100	80
装配整体式剪力墙结构	140（130）	130（120）	110（100）	90（80）	70（60）
装配整体式部分框支剪力墙结构	120（110）	110（100）	90（80）	70（60）	40（30）

注：1. 房屋高度是指室外地面到主要屋面的高度，不包括局部突出屋顶的部分。
　　2. 当预制剪力墙构件底部承担的总剪力大于该层总剪力的 80% 时，最大适用高度应取括号内数值。

2. 装配式混凝土建筑的特点

1）优点

（1）缩短施工周期。由于部品部件生产可以在厂房里进行，不受天气影响，现场安装施工周期大幅缩短，非常适用于每年可以进行室外施工时间较短的严寒地区。大约 1 层需要 1d，其实际需要的工期是 1 层

3~4d。在施工过程中不仅可以极大地提高施工机械化的程度，而且可以减少劳动力投入，降低劳动强度。据统计，高层建筑可以缩短 1/3 左右的工期，多层和低层建筑可以缩短 50% 以上的工期。

扩展阅读

装配式混凝土建筑的节能减排效益

通过对典型案例进行数据调研，装配式建造方式相比传统现浇方式，建造阶段，每平方米建筑面积水资源消耗量减少 23.33%，电力消耗量减少 18.22%，固体废弃物的排放量降低 69.09%，碳排放减少 27.26kg。

（2）降低环境负荷。因为在工厂内就完成大部分预制构件的生产，所以减少了现场作业量，使得生产过程中的建筑垃圾大量减少，与此同时，由湿作业产生的诸如废水污水、建筑噪声、粉尘污染等也会随之大幅度地降低。在建筑材料的运输、装卸以及堆放等过程中，可以大量地减少扬尘污染。在现场预制构件不仅可以省去泵送混凝土的环节，有效减少固定泵产生的噪声污染，而且由于施工速度快，可缩短夜间施工时间，从而有效减少光污染。

（3）减少资源消耗。由于预制构件都是在工厂内流水线生产，可以循环利用生产机器和模具，这就使得资源消耗极大地减少。传统的建造方式不仅要在外墙搭接脚手架，而且需要临时支撑，这会造成很多的钢材和木材的耗费，大量消耗了自然资源。但装配式建筑在施工现场只有拼装与吊装这两个环节，这就使得模板和支撑的使用量极大地降低。

（4）结构质量有保证。采用机械自动化、信息化管理的流水线生产，避免了施工现场很多人为因素的影响，质量易于控制，解决了传统建造模式中普遍存在的漏水、隔声及隔热效果差等质量通病。

2）缺点

（1）成本相对较高。我国装配式建筑尚处于推广阶段，受技术和规模等因素影响，装配式建筑的成本通常略高于常规建造技术建造的建筑。

（2）整体性较差。装配式混凝土结构本身的构件拼装特点，决定了其连接节点设计和施工质量非常重要，它们在结构的整体性能和抗震性能上起到了决定性作用。我国属于地震多发区，对建筑结构的抗震性能要求高，如果要运用装配混凝土结构，则必须加强节点连接和保证施工质量。

（3）缺少个性化。装配式建造技术的缺点是任何一个建设项目，包括建筑设备、管道、电气安装、预埋件都必须事先设计完成，并在工厂里安装在混凝土大板里，只适合大量重复建造的标准单元。而标准化的组件会导致建筑个性化降低。

3. 我国装配式混凝土建筑的发展历程

1）发展初期

我国装配式混凝土建筑发展初期为 1950—1976 年。在这一时期我国装配式混凝土建筑全面学习苏联，应用领域从工业建筑和公共建筑，逐步发展到居住建筑。

20 世纪 50 年代，我国完成了第一个五年计划，建立了工业化的初步基础，开始了大规模的基本建设，建筑工业化快速发展。

工业建筑方面，苏联帮助建设的 153 个大项目大都采用了预制装配式混凝土技术。各大型工地上，柱、梁、屋架和屋面板都在工地附近的场地预制，在现场用履带式起重机安装。当时工业建筑的工业化程度已达到很高的水平，但墙体仍为小型黏土红砖手工砌筑。

居住建筑方面，城镇建设促进了预制装配式技术的应用。柱、梁、屋架、屋面板、空心楼板等构件被大量应用，其中标准化程度最高的是空心楼板。此外，墙体的工业化发展同样是这一时期的重要特点，主要代表是北京的振动砖墙板、粉煤灰矿渣混凝土内外墙板、大板和红砖结合的内板外砖体系，上海的硅酸盐密实中型砌块，以及哈尔滨的泡沫混凝土轻质墙板。这些技术体系从墙材革新角度入手，推动了当时装配式建筑的发展。

2）发展起伏期

发展起伏期为 1976—1995 年，这个时期装配式建筑经历了停滞、发展、再停滞的起伏波动。

3）发展提升期

发展提升期为 1996 年至今。

（1）2002 年，颁布了行业标准《高层建筑混凝土结构技术规程》（JGJ 3—2002），混凝土预制构件的应用受到许多制约。后来城市用地日趋紧张，住宅高度不断提高。由于预制混凝土楼板、预制外墙板节点处理的问题较为复杂，为了进一步提高建筑整体性，现浇混凝土板逐渐取代了预制大楼板和预制承重的混凝土外墙板。

（2）预拌混凝土工业发展推动混凝土技术进步。大模板现浇混凝土建筑的兴起，推动了中国预拌混凝土工业的发展。工厂化的发展使预拌混凝土在我国大、中型城市（尤其是东部地区）的年生产能力达 3000 万 m^3 以上，部分大城市的预拌混凝土产量已达到现浇混凝土总量的 50% 以上。

搅拌站的规模趋于大型化、集团化，装备技术、生产技术和管理经验趋于成熟，泵送技术的使用开始普及，混凝土的强度等级有所提高，掺合料和外加剂的技术飞速发展。随着施工现场湿作业的复苏，现浇技术的缺点日益彰显，即使使用钢模支模，手工作业还是很多，劳动强度大，特别是养护耗时长，施工现场污染严重。

（3）劳动力市场发生变化。这一时期，从事体力劳动的人力资源紧张，建筑业出现了人工短缺现象。业内人士逐渐意识到，长期以现场手工作业为主的传统生产方式不能再继续下去了，装配式建筑的发展重新引起了关注。

（4）开始重视质量和效益的提升。除关注装配式建造方式外，社会各界开始关注减少用工、提升质量和减少浪费等课题。在新形势下，装配式建筑的优势明显，但是装配式结构体系整体性能差，不能抵御地震破坏的阴影仍然笼罩在建筑界。为了区别于过去的全装配式，出现了一个新的体系——装配整体式结构。装配整体式结构的特点是尽量多的部件采用预制件，相互间靠现浇混凝土或灌注砂浆连接措施结合，使装配后的构件及整体结构的刚度、承载力、恢复力特性、耐久性等同现浇混凝土构件及结构相同。

（5）装配整体式结构发展出不同的分支。一种使用现浇梁柱和现浇剪力墙，另一种把剪力墙也做成预制的或半预制的。前者可称为简单构件的装配式，只涉及标准通用件和非标准通用件，不涉及承重体系构件；后者则做到了承重构件的预制，预制率有了很大提升。

（6）上海、北京等地积极探索。经过两年时间的编写，上海市 2010年发布了由同济大学、万科集团和上海市建筑科学研究院等单位联合编制的《装配整体式混凝土住宅体系设计规程》（DG/TJ 08-2071—2010）。这种结构体系是对原有装配式建筑体系的一种提升，是经过多次痛苦的地震灾害后的总结，也基本适应了新时期高层装配式建筑发展的需要。

全国各省区市积极出台政策，在保障性住房建设中大力推进产业化，装配式建筑试点示范工程开始涌现。以北京为例，北京在 2014 年提出保障房实施产业化 100% 全覆盖，并以公租房为切入点，全面建立以标准化设计、建造、评价、运营维护为核心的保障性住房建设管理标准化体系，建立标准化设计制度、专家方案审核制度、优良部品库制度等，实施产业化规模已超过 1000 万 m^2，其中结构产业化、装配式装修均实施的全装配式住宅已经达到 145 万 m^2 规模；北京由简到难，分类指导，全面使用水平预制构件，于 2015 年 10 月出台政策，提出保障性住房中全面实施全装修成品交房，大力推行装配式装修。

1.3 装配式建筑的相关概念

1. 预制率和装配率

预制率与装配率是两个不同的概念。预制率是指装配式混凝土建筑室外地坪以上主体结构和围护结构中，预制构件部分的材料用量占对应构件材料总用量的体积比。装配率是指单体建筑室外地坪以上的主体结构、围护墙和内隔墙、装修和设备管线等，采用预制部品部件的综合比例。

2. 干式连接和湿式连接

我国常用的装配式混凝土结构主要有装配整体式混凝土结构和全装配混凝土结构两种形式。装配整体式混凝土结构依靠湿式连接形成整体，全装配混凝土结构则是依靠干式连接形成整体。湿式连接，是指节点区采用后浇混凝土进行整体浇筑。湿式连接结构的整体性好，具有和现浇结构相同的结构性能，是我国装配式混凝土建筑主要的连接方式。干式连接主要有牛腿连接、企口连接、螺栓连接和焊接连接等。干式连接的结构整体性较差，且国内研究不够充分，目前使用较少。

3. 集成式厨房、集成式卫生间和整体式卫生间

集成式厨房和集成式卫生间是装配式建筑装饰装修的重要组成部分。集成式厨房，是由工厂生产，现场装配厨房家具、厨房设备和厨房设施等标准部品，通过系统搭配组合而成的满足炊事活动功能要求的模块化空间。集成式卫生间，是指由工厂生产的楼地面、墙（面）板、吊顶和洁具设备及管线等集成并主要采用干式工法装配而成的卫生间。

整体式卫生间，也称为"整体卫浴"，是由防水底盘、壁板、顶板及支撑龙骨构成主体框架，并由各种洁具及功能配件组合而成的具有一定规格尺寸的独立卫生间模块化产品。

4. 干式工法

采用干作业施工的建造方法称为干式工法。现场采用干作业施工工艺的干式工法，是装配式建筑的核心内容。我国传统现场具有湿作业多、施工精度差、工序复杂、建造周期长、依赖现场工人水平和施工质量难以保证等问题。干式工法作业可实现高精度、高效率和高品质。

5. 装配式装修和全装修

采用干式工法，将工厂生产的内装部品在现场进行组合安装的装修

方式，称为装配式装修。装配式装修具有装修质量高、提高劳动生产率、便于维护、节能环保等优点，是装配式建筑发展的重要方向。

全装修是指所有功能空间的固定面装修和设备设施全部安装完成，达到建筑使用功能和建筑性能的状态。全装修强调了建筑的功能和性能的完备性。装配式建筑的最低要求应该是具备完整功能的成品形态，不能割裂结构和装修，底线是交付成品建筑。

6. 管线分离

管线分离是指将设备与管线设置在结构系统之外的方式。装配式混凝土建筑的内装设计应满足内装部品的连接、检修更换和设备及管线使用年限的要求，宜采用管线分离。从实现建筑长寿化和可持续发展理念出发，采用内装与主体结构、设备管线分离是为了将长寿命的结构与短寿命的内装、机电管线之间取得协调，避免设备管线和内装的更换维修对长寿命的主体结构造成破坏，影响结构的耐久性。

7. 建筑系统集成

以装配建造方式为基础，统筹策划、设计、生产和施工等，实现建筑结构系统、外围护系统、设备与管线系统、内装系统一体化的过程。

—— 读书笔记 ——

课后练习题

1. 什么是装配式建筑? 其有什么特点?

2. 装配式建筑分为哪几类? 各有什么特点?

3. 装配式混凝土建筑的结构体系有哪几种? 各有什么特点?

4. 什么是部品? 什么是部件?

5. 什么是预制率? 什么是装配率?

6. 什么是干式连接和湿式连接?

7. 查阅资料, 阐述装配式建筑对"双碳"的意义。

8. 什么是绿色发展理念? 作为一名新时代的大学生, 应该怎样践行绿色低碳的生活方式?

教学单元2　装配式混凝土建筑的材料、构件与连接

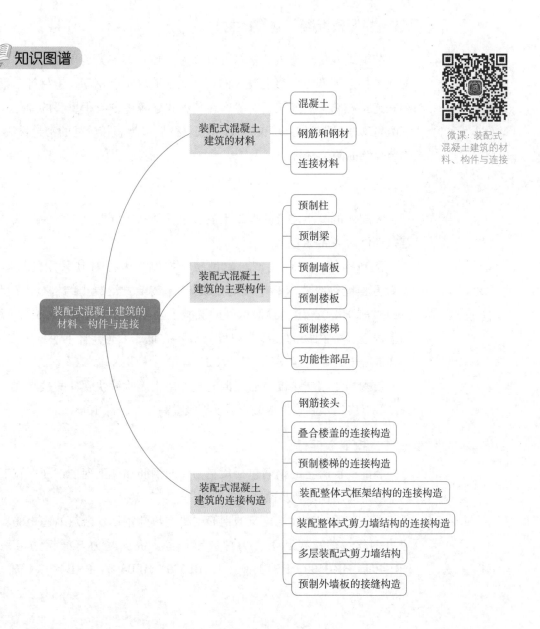

微课：装配式
混凝土建筑的材
料、构件与连接

学习目标

⚙ 知识能力目标

（1）掌握装配式混凝土建筑材料的要求。

（2）掌握装配式混凝土建筑主要构件的种类和用途。

（3）掌握装配式混凝土建筑的连接构造。

📑 课程思政目标

理解材料、构件和连接构造对结构质量的影响，自觉养成一丝不苟的工作作风，不断强化质量意识。

2.1 装配式混凝土建筑的材料

装配式混凝土建筑的材料可以分为三类。第一类是预制构配件和装配式结构连接部位后浇混凝土的材料，如混凝土、钢筋、钢材等。第二类是连接材料，如连接套筒等，在装配式建筑中占有很重要的地位。第三类是其他材料，如外墙夹芯板的保温材料、外墙板接缝处的密封材料等。本节介绍前两类材料。

2.1.1 混凝土

装配式混凝土建筑的混凝土主要包括预制构件混凝土和装配式结构连接部位后浇混凝土。

预制构件在工厂生产，质量易于控制，因此对其采用的混凝土的最低强度等级要求高于现浇混凝土。《装配式混凝土结构技术规程》（JGJ 1—2014）规定，预制构件的混凝土强度等级不宜低于C30；预应力混凝土预制构件的混凝土强度等级不宜低于C40，且不应低于C30；现浇混凝土的强度等级不应低于C25。

装配式结构连接部位后浇混凝土应使用无收缩快硬硅酸盐水泥，其强度等级应比预制构件混凝土强度等级提高二级，即10MPa。

2.1.2 钢筋和钢材

装配式混凝土的钢筋包括预制构件的钢筋和施工现场钢筋。施工现场钢筋主要用在基础及预制构件的现浇连接节点处。

用于装配式混凝土建筑的钢筋主要有热轧钢筋、余热处理钢筋、预应力钢丝、钢绞线和预应力螺纹钢筋等。纵向受力普通钢筋可采用HRB400、HRB500、HRBF400、HRBF500、HPB300、RRB400钢筋；梁柱和斜撑构件的纵向受力普通钢筋宜采用 HRB400、HRB500、HRBF400、HRBF500 钢筋；预应力钢筋宜采用预应力钢丝、钢绞线和预应力螺纹钢筋。

普通钢筋采用套筒灌浆连接和浆锚搭接连接时，应采用热轧带肋钢筋。热轧钢筋的肋可以使钢筋与灌浆料之间产生足够的摩擦力，有效传递应力，从而形成可靠的连接接头。

预制构件的吊环，应采用未经冷加工的 HPB300 级钢筋制作。吊装采用的内埋式螺母或吊杆的材料应符合国家现行有关标准的规定。

预制构件中采用钢筋焊接网，有利于提高建筑的工业化生产水平。因此，应鼓励在预制构件中采用钢筋焊接网。

预制构件预埋件应采用 Q235 钢板。

2.1.3　连接材料

装配式构件的连接技术是装配式结构的关键、核心技术，因此连接材料具有十分重要的作用。

1. 灌浆套筒及灌浆料

装配式混凝土建筑中，钢筋套筒连接接头是预制构件之间钢筋连接最主要的形式。这种接头由带肋钢筋、套筒和灌浆料三部分组成。其连接原理是，带肋钢筋插入套筒，向套筒内灌注无收缩或微膨胀的灌浆料，充满套筒与钢筋间的间隙，灌浆料硬化后与钢筋的横肋和套筒内壁凹槽或凸肋紧密咬合，从而有效传递钢筋连接后所受外力，如图 2-1 所示。

钢筋套筒
连接接头

1）灌浆套筒

按结构形式不同，灌浆套筒可分为全灌浆套筒和半灌浆套筒（图 2-2），目前我国多采用半灌浆套筒。全灌浆接头是传统的灌浆连接接头形式，套筒两端的钢筋均采用灌浆连接，两端钢筋均是带肋钢筋。半灌浆接头是一端钢筋用灌浆连接，另一端采用非灌浆方法连接（如螺纹连接）的接头。半灌浆套筒可按非灌浆一端机械连接方式，分为直接滚轧直螺纹半灌浆套筒、剥肋滚轧直螺纹半灌浆套筒和墩粗直螺纹半灌浆套筒。

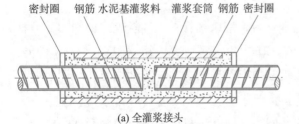

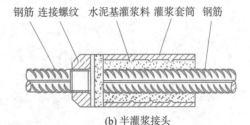

(a) 全灌浆接头　　　　　　　　　　　　　(b) 半灌浆接头

图 2-1　灌浆接头结构示意图

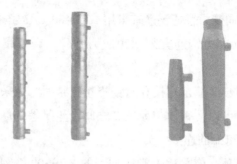

(a) 钢制全灌浆套筒　　　　(b) 球墨铸铁半灌浆套筒

图2-2　灌浆套筒实物图

灌浆套筒通常采用铸造工艺或机械加工工艺制造。铸造灌浆套筒宜选用球墨铸铁，机械加工灌浆套筒宜选用优质碳素结构钢、低合金高强度结构钢、合金结构钢或其他经过接头型式检验确定符合要求的钢材。

采用球墨铸铁制造的灌浆套筒，其材料性能、几何形状及尺寸公差应符合《球墨铸铁件》（GB/T 1348—2019）的相关规定。灌浆套筒型号表示方法如图2-3所示。

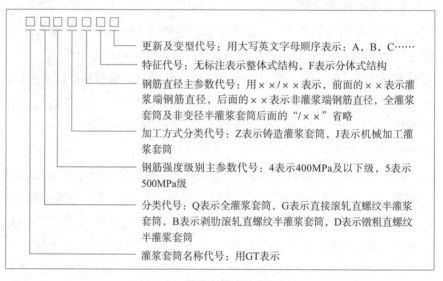

更新及变型代号：用大写英文字母顺序表示：A，B，C……

特征代号：无标注表示整体式结构，F表示分体式结构

钢筋直径主参数代号：用××/××表示，前面的××表示灌浆端钢筋直径，后面的××表示非灌浆端钢筋直径，全灌浆套筒及非变径半灌浆套筒后面的"/××"省略

加工方式分类代号：Z表示铸造灌浆套筒，J表示机械加工灌浆套筒

钢筋强度级别主参数代号：4表示400MPa及以下级，5表示500MPa级

分类代号：Q表示全灌浆套筒，G表示直接滚轧直螺纹半灌浆套筒，B表示剥肋滚轧直螺纹半灌浆套筒，D表示镦粗直螺纹半灌浆套筒

灌浆套筒名称代号：用GT表示

图2-3　灌浆套筒型号表示方法

2）灌浆料

灌浆料是以水泥为基本材料，配以细骨料、混凝土外加剂和其他材料组成的干混料。灌浆料应具有早强、高强、无收缩、微膨胀等基本性能，以使其能与套筒、被连接钢筋更有效地结合在一起共同工作，同时满足装配式建筑快速施工的要求。

按照适用环境温度的不同，套筒灌浆料分为常温型套筒灌浆料和低

温型套筒灌浆料。前者指适用于灌浆施工及养护过程中24h内灌浆部位环境温度不低于5℃的套筒灌浆料，后者指用于灌浆施工及养护过程中24h内灌浆部位环境温度范围为 −5~10℃的套筒灌浆料。套筒灌浆料的性能指标见表2−1和表2−2。

表 2−1　常温型套筒灌浆料的性能指标

检 测 项 目		性 能 指 标
流动度 / mm	初始	≥300
	30min	≥260
抗压强度 / MPa	1d	≥35
	3d	≥60
	28d	≥85
竖向膨胀率 / %	3h	0.02~2
	24h 与 3h 差值	0.02~0.40
28d 自干燥收缩率 / %		≤0.045
氯离子含量 / %		≤0.03
泌水率 / %		0

注：氯离子含量以灌浆料总量为基准。

表 2−2　低温型套筒灌浆料的性能指标

检 测 项 目		性 能 指 标
−5℃流动度 / mm	初始	≥300
	30min	≥260
8℃流动度 / mm	初始	≥300
	30min	≥260
抗压强度 / MPa	−1d	≥35
	−3d	≥60
	−7d+21d*	≥85
竖向膨胀率 / %	3h	0.02~2
	24h 与 3h 差值	0.02~0.40
28d 自干燥收缩率 / %		≤0.045
氯离子含量 **/ %		≤0.03
泌水率 / %		0

注：*−1d 代表在负温养护 1d，−3d 代表在负温养护 3d，−7d+21d 代表在负温养护 7d 转标养21d。

** 氯离子含量以灌浆料总量为基准。

2. 钢筋浆锚搭接连接接头用灌浆料

钢筋浆锚搭接连接，是钢筋在预留洞中完成搭接连接的方式（图2-4），其关键技术在于孔道成型、灌浆料的质量及被搭接钢筋形成约束的方式等因素，其所用灌浆料的性能应符合表2-3的规定。

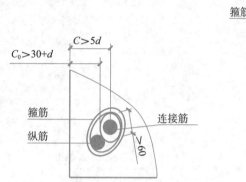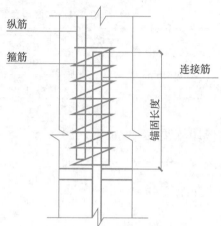

图 2-4　钢筋浆锚搭接连接

表 2-3　钢筋浆锚搭接连接接头用灌浆料性能要求

项　　目		性能指标	试验方法标准
泌水率 / %		0	《普通混凝土拌合物性能试验方法标准》（GB/T 50080—2016）
流动度 / mm	初始值	≥200	《水泥基灌浆材料应用技术规范》（GB/T 50448—2015）
	30min 保留值	≥150	
竖向膨胀率 / %	3h	≥0.02	《水泥基灌浆材料应用技术规范》（GB/T 50448—2015）
	24h 与 3h 的膨胀率之差	0.02~0.5	
抗压强度 / MPa	1d	≥35	《水泥基灌浆材料应用技术规范》（GB/T 50448—2015）
	3d	≥55	
	28d	≥80	
氯离子含量 / %		≤0.06	《混凝土外加剂匀质性试验方法》（GB/T 8077—2012）

3. 锚固板

钢筋锚固板是置于钢筋端部，用于锚固钢筋的承压板。锚固板原材料宜选用表 2-4 中的牌号，且满足相应的力学性能要求；当锚固板与钢筋采用焊接连接时，锚固板原材料尚应符合《钢筋焊接及验收规程》（JGJ 18—2012）对连接件材料的可焊性要求。

表 2-4　锚固板原材料力学性能要求

锚固板原材料	牌　号	抗拉强度 /MPa	屈服强度 /MPa	伸长率 /%
球墨铸铁	QT 450–10	≥ 450	≥ 310	≥ 10
钢板	45	≥ 600	≥ 355	≥ 16
	Q345	450~630	≥ 325	≥ 19
锻钢	45	≥ 600	≥ 355	≥ 16
	Q235	370~500	≥ 225	≥ 22
铸钢	ZG 230–450	≥ 450	≥ 230	≥ 22
	ZG 270–500	≥ 500	≥ 270	≥ 18

4. 受力预埋件的锚板及锚筋

受力预埋件由锚板和锚筋类材料焊接而成，锚板宜采用 Q235、Q345 级钢，锚筋类材料包括圆锚筋、栓钉、角钢、H 型钢，其中圆锚筋应采用 HRB400 或 HPB300 钢筋，栓钉应采用 ML15、ML15A1 级钢，角钢、H 型钢应采用 Q235、Q345 级钢。

受力预埋件中的钢筋、钢材的材料性能应满足《混凝土结构设计规范》（GB 50010—2010）（2015 年版）和《钢结构设计标准》（GB 50017—2017）的有关规定。栓钉材料及力学性能应满足表 2-5 的规定。

表 2-5　栓钉材料及力学性能

材料、标准	项　目	力学性能
ML15,ML15A1 （GB/T 6478—2015）	抗拉强度 /MPa	≥ 400
	屈服强度 /MPa	≥ 320
	伸长率 /%	≥ 14

5. 连接用焊接材料和紧固件

连接用焊接材料，螺栓、锚栓和铆钉等紧固件的材料应符合《钢结构设计标准》（GB 50017—2017）、《钢结构焊接规程》（GB 50661—2011）和《钢筋焊接及验收规程》（JGJ 18—2012）等的规定。

6. 金属波纹管

钢筋金属波纹管浆锚搭接连接接头和后张法混凝土构件的预留孔道

材料，通常采用金属波纹管，其应符合《预应力混凝土用金属波纹管》（JG/T 225—2020）的相关规定。金属波纹管宜采用软钢带制作，性能应符合《碳素结构钢冷轧钢板及钢带》（GB/T 11253—2019）的规定；当采用镀锌钢带时，其双面镀锌层质量不宜小于 $60g/m^2$，性能应符合《连续热镀锌和锌合金镀层钢板及钢带》（GB/T 2518—2019）的规定。

7. 纤维增强塑料和不锈钢

预制夹心外挂墙板连接件宜采用纤维增强塑料（fiber reinforced plastics，FRP）连接件或不锈钢连接件。当有可靠依据时，也可采用其他类型连接件。

FRP 用于预制夹心外挂墙板的连接件，其材料力学性能指标应符合表 2–6 的要求。

表 2–6　FRP 连接件材料力学性能指标

项　　目	指标要求	试验方法
抗拉强度 /MPa	≥700	GB/T 1447—2005
拉伸模量 /GPa	≥42	GB/T 1447—2005
层间剪切强度 /MPa	≥30	JC/T 773—2010

2.2　装配式混凝土建筑的主要构件

2.2.1　预制柱

预制混凝土柱是装配式框架结构的主要构件，一般分为两种：实体预制柱和空心柱。实体预制柱一般在层高位置预留钢筋接头，完成定位固定之后，在与梁、板交汇的节点位置使钢筋连通，并依靠混凝土整固成型。

预制柱安装过程中，通过吊装将预制柱调整到指定位置，吊装之前，要对节点插筋进行有效保护，以防止安装柱身翻起使起吊节点受损，通常使用保护钢套，如图 2–5（a）所示。基座部分预留有钢筋套筒，通过注入混凝土实现连接，完成上下柱之间的力学传递。

预制柱的底部应设置键槽且宜设置粗糙面，键槽应均匀布置，键槽深度不宜小于 30mm，键槽端部斜面倾角不宜大于 30°，柱顶应设置粗糙面，凹凸深度不小于 6mm。柱底键槽如图 2–5（b）和（c）所示。

空心柱的做法在国内很少使用。空心柱是模板与结构同化设计思想的产物，它作为预制柱的构成部分，能控制预制柱的形态，同时也是完

预制柱

成后续浇筑连接工作的模具。

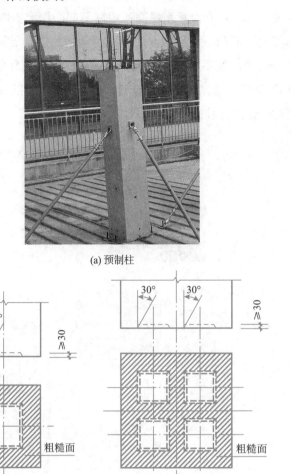

(a) 预制柱

(b) 柱底设置一个键槽　　　(c) 柱底设置多个键槽

图 2-5　预制柱

2.2.2　预制梁

　　预制装配式混凝土建筑中，梁是一个关键的连接性结构构件，一般通过节点现浇的方式，与叠合板及预制柱连接成整体，如图 2-6 所示。预制装配式混凝土建筑中，梁通常以叠合梁、空壳梁的形式出现。作为主要横向受力部件，预制梁一般分两步实现装配和完整度。第一次浇筑混凝土在预制工厂内完成，通过模具，将钢筋和混凝土浇筑成型，并预留连接节点；第二次浇筑在施工现场完成，当预制楼板搁置在预制梁之上，再次浇捣梁上部的混凝土，通过这种方式将楼板和梁连接成整体，加强结构系统的整体性，完成浇筑连接之后的结构强度和现浇体系下的结构强度相同。

预制梁

预制梁与后浇混凝土叠合层之间的结合面应设置粗糙面；预制梁的端面应设置键槽且宜设置粗糙面；粗糙面凹凸深度不应小于 6mm。键槽可采用贯通截面和不贯通截面的形式，键槽的设置需满足计算及构造设计要求，键槽深度不宜小于 30mm，宽度不宜小于深度的 3 倍且不宜大于深度的 10 倍，键槽间距宜等于键槽宽度；键槽端部斜面倾角不宜大于 30°，非贯通键槽槽口距离边缘不宜小于 50mm。

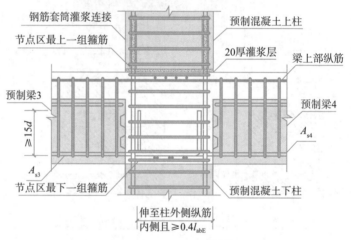

图 2-6　预制梁连接

2.2.3　预制墙板

预制混凝土墙板由于在工厂内完成了浇筑和养护，在施工现场只需要固定安装和节点现浇，减少了现场施工工序，提高了效率。由于现浇过程需预留窗洞口，或者已经将窗框整体固定在墙体内，大幅度减少了外窗渗漏的可能性。预制混凝土墙板根据承重类型可分为预制外挂墙板和预制剪力墙两种形式。

1. 预制外挂墙板

预制外挂墙板可分为围护板系统和装饰板系统，主要用作建筑外挂板或幕墙，省去了建筑外装修的环节。预制外挂墙板可集外墙装饰面和保温于一体，其中外墙装饰面包括面砖、石材、涂料、装饰混凝土等形式。

预制墙板

预制内墙板有横墙板、纵墙板和隔墙板三种。横墙板与纵墙板均为承重墙板,隔墙板为非承重墙板。内墙板一般采用单一材料(普通混凝土、硅酸盐混凝土或)制成,如图 2-7 所示,有实心和空心两种,内墙板应具有隔声与防火的功能。隔墙板主要用于内部的分隔。这种墙板没有承重要求,但应满足建筑功能中隔声、防火、防潮等要求,采用较多的有钢筋混凝土薄板、加气混凝土条板、石膏板等。所有的内墙板,为了满足内装修时减少现场抹灰湿作业的要求,墙面必须平整。

图 2-7　内墙板

2. 预制剪力墙

剪力墙是房屋或构筑物中主要承受风荷载或地震作用引起的水平荷载和竖向荷载(重力)的墙体,用于防止结构剪切破坏。预制剪力墙即为在工厂或现场预先制作的剪力墙。目前应用较广的预制剪力墙有夹心保温剪力墙、全预制实心剪力墙、双面叠合剪力墙、单面叠合剪力墙四种形式。

1)夹心保温剪力墙

夹心保温剪力墙也称为三明治墙,是预制混凝土剪力墙板中最常见的一类。夹心保温剪力墙是可以实现围护与保温一体化的墙体,墙体由内外叶钢筋混凝土板、中间保温层和连接件组成,如图 2-8 和图 2-9 所示。

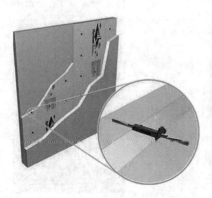

图 2-8　夹心保温剪力墙示意

图 2-9 夹心保温剪力墙

内叶墙板作为结构主要受力构件，按照力学要求设计和配筋。外叶墙板决定了三明治墙及建筑外立面的外观，常用彩色混凝土，表面纹路的选择余地也很大。两层之间可使用保温连接件进行连接。由于混凝土的热惰性，内叶混凝土墙板成为一个恒温的蓄能体，中间的保温板成为一个热的绝缘层，延缓热量穿过建筑墙板在内外叶之间的传递。

保温材料置于内外叶预制混凝土板内，内叶墙、保温层及外叶墙一次成型，无须再做外墙保温，简化了施工步骤。且墙体保温材料置于内外叶混凝土板之间，能有效地防止火灾、外部侵蚀环境等不利因素对保温材料的破坏，抗火性能与耐久性能良好，使保温层达到与结构同寿命，几乎不用维修。

外叶层混凝土面层的装饰做法较多，除在面层上做干黏石、水刷石和镶贴陶瓷锦砖（马赛克）、面砖外，还可利用混凝土的可塑性，采用不同的衬模，制作出不同纹理、质感和线条的装饰混凝土面。

2）全预制实心剪力墙

全预制实心剪力墙通过工厂完全预制的方式完成剪力墙的浇筑，并且在预制浇筑过程中，将用于竖向连接的钢筋套筒构件预埋在预制墙内，如图 2-10 所示。现场安装时，通过注浆的方式，实现与梁及楼板的连接。横向留出一定长度钢筋，以备与非承重墙板之间通过现浇节点连接。

图 2-10 全预制实心剪力墙

3）双面叠合剪力墙

双面叠合墙板由内外叶双层预制板及连接双层预制板的钢筋桁架在工厂制作而成，如图 2-11 所示。现场安装就位后，在内外叶预制板中间空腔浇筑混凝土，形成整体结构，共同参与结构受力。双面叠合墙板与暗柱等边缘构件通过现浇连接，形成预制与后浇之间的整体连接。

(a) 实物图

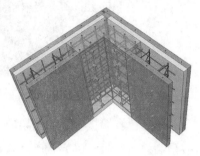
(b) 安装示意图

图 2-11 双面叠合剪力墙

双面叠合墙板与现浇混凝土之间通过连接钢筋进行连接。连接钢筋分为水平连接钢筋和竖向连接钢筋，上层墙板与下层墙板之间通过竖向连接钢筋进行连接，墙板与本层现浇混凝土采用水平连接钢筋连接，如图 2-12 所示。连接钢筋的型号、直径和锚固长度须满足现行标准的相关要求。

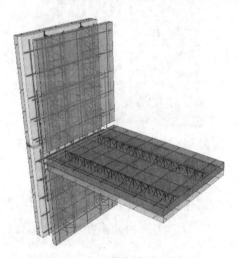

图 2-12 双面叠合墙板连接示意

4）单面叠合剪力墙

将预制混凝土外墙板作为外墙外模板，在外墙内侧绑扎钢筋。支模并浇筑混凝土，预制混凝土外墙板通过粗糙面和钢筋桁架与现浇混凝土结合成整体，这样的墙体称为单面叠合剪力墙，如图 2-13 所示。

图 2-13 单面叠合剪力墙

单面叠合墙板中钢筋桁架应双向配置（图 2-14），它的主要作用是连接预制叠合墙板（PCF 板）和现浇部分，增强单面叠合剪力墙的整体性，同时保证预制墙板在制作、吊装、运输及现场施工时有足够的强度和刚度，避免损坏、开裂。

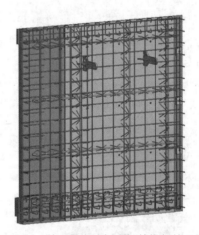

图 2-14 单面叠合墙板中钢筋桁架的配置

2.2.4 预制楼板

预制楼板是装配式建筑最主要的预制水平结构构件，按照施工方式和结构性能的不同，可分为钢筋桁架模板、叠合楼板、预制预应力双 T 板等。

1. 钢筋桁架模板

钢筋桁架模板是以桁架的形式处理楼板里面的结构钢筋，最终和钢制底面模板混交在一起，如图 2-15 所示。不同于压型钢板，钢制底面模板不直接承受应力，规避了防火问题。钢筋桁架模板因为科学的受力方式，使得整体造价较低，并且减少了 60% 以上的现场钢筋绑扎工作量，不需

预制楼板

要另外的支承系统，且整体耐火性能优秀。

图 2-15　钢筋桁架模板

2. 叠合楼板

叠合楼板是一种模板与结构混合的楼板形式，属于半预制构件。预制混凝土层最小厚度为 50mm，实际厚度取决于混凝土量和配筋的多少，最厚可达 70mm。预制部分既是楼板的组成部分，又是现浇混凝土层的天然模板，如图 2-16 和图 2-17 所示。

图 2-16　钢筋桁架叠合楼板　　　　图 2-17　PK 预应力带肋混凝土叠合板

叠合板有多种形式，常用的叠合板由预制板和后浇混凝土叠合层构成。预制板厚度不宜小于 60mm，后浇混凝土叠合层厚度不应小于 60mm。为了增加预制板的整体刚度和水平界面抗剪性能，跨度大于 3m 时，宜在预制板内设置桁架钢筋（图 2-18）。桁架钢筋应沿主要受力方向布置，其弦杆钢筋直径不宜小于 8mm，腹杆钢筋直径不宜小于 4mm，桁架钢筋间距不宜大于 600mm，距板边不应大于 300mm。当未设置桁架钢筋时，叠合板的预制板与后浇混凝土叠合层之间，应按规定设置抗剪构造钢筋。钢筋桁架的下弦钢筋可视情况作为楼板下部的受力钢筋使用。当板跨度超过 6m 时，采用预应力混凝土预制板较经济。当板厚大于 180mm 时，宜采用空心楼板，以减小自重、节约材料。空心楼板施工时，可在预制板上设置各种轻质模具，浇筑混凝土后形成空心。

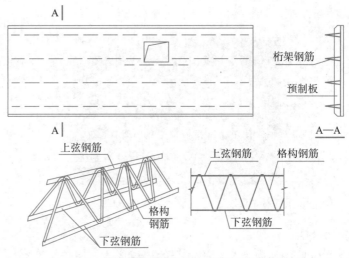

图 2-18　叠合板的预制板设置桁架钢筋构造示意

叠合板分为单向板和双向板。当预制板之间采用分离式接缝时,为单向板;长宽比不大于 3 的四边支承板,当其预制板之间采用整体式接缝或无接缝时,为双向板(图 2-19)。

(a) 单向叠合板　　(b) 带接缝的双向叠合板　　(c) 无接缝双向叠合板

图 2-19　叠合板的预制板布置形式示意

叠合楼板在工地安装到位后要进行二次浇筑,从而形成整体实心楼板。二次浇筑完成的混凝土楼板总厚度为 120~300mm,实际厚度取决于跨度与荷载。伸出预制混凝土层的桁架钢筋和粗糙的混凝土表面保证了叠合楼板预制部分与现浇部分能有效结合成整体。

叠合楼板整体性好,板的上下表面平整,便于饰面层装修,适用于对整体刚度要求较高的高层建筑和大开间建筑。叠合楼板跨度一般为 4~6m,最大跨度可达 9m。

3. 预制预应力双 T 板

预制预应力双 T 板是由宽大的面板和两根窄而高的肋组成,如图 2-20 所示。双 T 板受压区截面较大,中和轴接近或进入面板,受拉钢筋有较大的力臂,所以双 T 板具有良好的结构力学性能、明确的传力路径、简洁的几何形状，是一种可制成大跨度、大覆盖面积的比较经济的承载构件。在单层、多层和高层建筑中，双 T 板可以直接搁置在框架、梁或承重墙上，作为楼层或屋盖结构。预应力双 T 板跨度可达 20m 以上，如用高强轻质混凝土，则跨度可达 30m 以上。双 T 板多用 C50 混凝土预制，预应力钢筋可用高强度钢丝、钢绞线、低碳冷拔钢丝及螺纹钢筋。

图 2-20　预制预应力双 T 板

4. 空心楼板

空心楼板标准厚度为 200mm、240mm，如图 2-21 所示。空心楼板一般比实心楼板轻 35%，节约材料的优势很明显。

图 2-21　预应力空心楼板

空心楼板安装时不需要任何支撑，表面也不需要现浇混凝土，故施工没有湿作业。快速的安装不仅缩短了施工时间，也节约了成本。底层光滑的表面在装配到位、节点勾缝完之后无须再次找平，涂一层涂料即可，节约了后续装修的成本。

2.2.5　预制楼梯

楼梯是建筑垂直交通的主要形式，如图 2-22 所示。

预制楼梯

图 2-22　预制楼梯

预制混凝土楼梯构件有大型、中型和小型三种。大型的预制混凝土楼梯是把整个梯段和平台预制成一个构件；中型的预制混凝土楼梯是把梯段和平台各预制成一个构件，应用较广；小型的预制混凝土楼梯是将楼梯的斜梁、踏步、平台梁和板预制成各个小构件，用焊、锚、栓、销等方法连接成整体。

预制混凝土楼梯与主体承力系统的连接方式一般有四种：支座连接、牛腿连接、钢筋连接和预埋件连接。

支座连接就是预制混凝土楼梯直接搭接在其承载构件上，承载构件起到支座作用。一般又分为牢固连接、轻型连接和非固定连接，其中非固定连接可确保楼梯在地震状态下产生相对位移而不损坏。

牛腿连接其实是一种特殊的支座连接，是指楼梯搭接在主体结构延伸出的牛腿之上。牛腿连接因为构造方式的不一样，可分为明牛腿连接、暗牛腿连接和型钢暗牛腿连接。

钢筋连接是对承载力要求较高的楼梯采用的方式，预制混凝土楼梯预留外露受力钢筋，采用直接或间接的方式实现钢筋间受力联系。

预埋件连接是指预制楼梯和主体承力系统通过预制的方式将部件内力传递至预埋受力构件上，再通过栓接、焊接等方式将预埋件连接的方式。

2.2.6　功能性部品

装配式建筑中的部品可分为结构性部品和功能性部品。功能性部品主要用于建筑内部，它是建筑的某个功能单元，在工厂内制造并组装成型，然后整体运输到建设现场，可如同"拼积木"，一般以吊装的方式拼装而成。

1. 预制阳台

阳台连接了室内外空间，集成了多种功能。传统阳台结构一般为挑梁式、挑板式现浇钢筋混凝土结构，现场施工量大、工期长。随着一体化阳台概念的发展，阳台集成了发电、集热等越来越多的功能，预制阳台部品的施工模式将成为主流，如图 2-23 所示。

图 2-23 叠合预制阳台

根据预制程度将预制阳台划分为叠合阳台和全预制阳台。预制生产的方式能够完成阳台所必需的功能属性，并且二维化的预制过程相较于三维化的现场制作，更能简单快速地实现阳台的造型艺术，大大降低了现场施工作业的难度，减少了不必要的作业量。

2. 整体卫生间

传统卫生间是由泥瓦工分散式地进行装修和装配，地面砖、面砖、天花板、洗手台、洁具、坐便器等分散式采购，然后装配在一起。传统卫生间装修前需要对地面进行防水处理，如果防水处理不到位，会出现渗水和漏水现象，而面砖施工和设备安装结合处会留下卫生死角等。

区别于传统卫生间，整体卫生间是工厂化一次性成型的，小巧、精致、功能俱全、节省卫生间面积，而且免用浴霸，非常干净，有利于清洁卫生，如图 2-24 所示。由于采用工厂预制的方式，整体卫生间于现场只需采用干法施工，效率极高，可以做到当天安装、当天使用，大大缩短了施工周期。

图 2-24 整体卫生间

2.3 装配式混凝土建筑的连接构造

2.3.1 钢筋接头

装配式混凝土建筑中，预制构件内钢筋的接头形式有机械连接接头、焊接接头和绑扎搭接接头，宜优先采用机械连接接头或焊接接头。

装配整体式结构中，节点及接缝处的纵向钢筋连接宜根据接头受力、施工工艺等要求选用机械连接、套筒灌浆连接、浆锚搭接连接、焊接连接、绑扎搭接连接等方式。但直径大于 20mm 的钢筋不宜采用浆锚搭接连接，直接承受动力荷载构件的纵向钢筋不应采用浆锚搭接连接。采用套筒灌浆连接时，预制剪力墙、预制柱中钢筋接头处套筒外侧箍筋的混凝土保护层厚度分别不应小于 15mm 和 20mm，套筒之间的净距不应小于 25mm。

2.3.2 叠合楼盖的连接构造

1. 叠合板支座处的纵向钢筋

叠合板板端支座处，预制板内的纵向受力钢筋从板端伸出并锚入支承梁或墙的后浇混凝土中，锚固长度不应小于 5d（d 为纵向受力钢筋的直径），且宜伸过支座中心线，如图 2–25（a）所示。

单向叠合板的板侧支座处，当预制板内的板底分布钢筋伸入支承梁或墙的后浇混凝土中时，锚固长度不应小于 5d（d 为纵向受力钢筋的直径），且宜伸过支座中心线；当板底分布钢筋不伸入支座时，宜在紧邻预制板顶面的后浇混凝土叠合层中设置附加钢筋，其截面面积不宜小于预制板内的同向分布钢筋面积，间距不宜大于 600mm，在板的后浇混凝土叠合层内锚固长度不应小于 15d，在支座内锚固长度不应小于 15d（d 为附加钢筋直径）且宜伸过支座中心线，如图 2–25（b）所示。

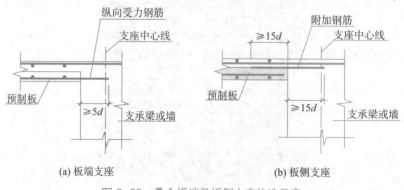

(a) 板端支座　　　　　　　　　　(b) 板侧支座

图 2–25　叠合板端及板侧支座构造示意

2. 单向叠合板拼缝构造

单向叠合板板侧采用分离式接缝时，接缝处紧邻预制板顶面宜设置垂直于板缝的附加钢筋（图 2-26）。附加钢筋的截面面积不宜小于预制板中该方向的钢筋面积，钢筋直径不宜小于 6mm、间距不宜大于 250mm，伸入两侧后浇混凝土叠合层的锚固长度不应小于 15d（d 为附加钢筋直径）。

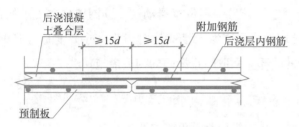

图 2-26　单向叠合板板侧分离式拼缝构造示意

3. 双向叠合板接缝构造

双向叠合板板侧采用整体式接缝时，接缝宜设置在叠合板的次要受力方向上，且宜避开最大弯矩截面。

整体式接缝一般采用后浇带形式。后浇带宽度不宜小于 200 mm，后浇带两侧板底纵向受力钢筋可在后浇带中焊接、搭接连接或弯折锚固。弯折锚固时，叠合板厚度不应小于 10d（d 为弯折钢筋直径的较大值），且不应小于 120mm；接缝处预制板侧伸出的纵向受力钢筋应在后浇混凝土叠合层内锚固，锚固长度不应小于 l_a（l_a 为钢筋的受拉锚固长度），两侧钢筋在接缝处重叠的长度不应小于 10d（d 为重叠钢筋的直径），弯折钢筋角度不应大于 30°，弯折处沿接缝方向应配置不少于 2 根通长构造钢筋，其直径不应小于该方向预制板内钢筋直径（图 2-27）。

双向叠合板
接缝构造

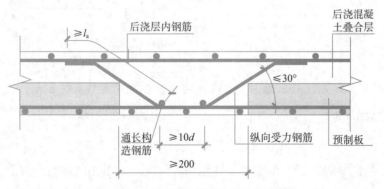

图 2-27　双向叠合板整体式接缝构造示意

2.3.3 预制楼梯的连接构造

预制板式楼梯在吊装、运输及安装过程中，受力状况比较复杂，因此其梯段板底应配置通长的纵向钢筋。当楼梯两端均不能滑动时，在侧向力作用下楼梯会起到斜撑的作用，楼梯中会产生轴向拉力，因此其板面和板底均应配置通长钢筋。

预制楼梯与支承构件宜采用简支连接。采用简支连接时，预制楼梯宜一端设置固定铰，另一端设置滑动铰。预制楼梯在支承构件上的最小搁置长度，抗震设防烈度为 6 度、7 度时为 75mm，8 度时为 100mm。同时，设置滑动铰的端部应采取防止滑落的构造措施。

2.3.4 装配整体式框架结构的连接构造

1. 预制柱、梁的纵向钢筋连接方式

装配整体式框架结构中，框架柱的纵向钢筋连接宜采用套筒灌浆连接，但当房屋高度不大于 12m 或层数不超过 3 层时，可采用套筒灌浆连接、浆锚搭接、焊接等连接方式。梁的水平钢筋连接可选用机械连接、焊接或套筒灌浆连接。

2. 叠合梁的构造

装配整体式框架结构中，当采用叠合梁时，楼板一般采用叠合板，梁、板的后浇层一起浇筑。后浇混凝土叠合层厚度，框架梁不宜小于 150mm，次梁不宜小于 120mm，如图 2-28（a）所示。当板的总厚度小于梁的后浇层厚度要求时，可采用凹口截面预制梁，此时，凹口深度不宜小于50mm，凹口边厚度不宜小于 60mm，如图 2-28（b）所示。

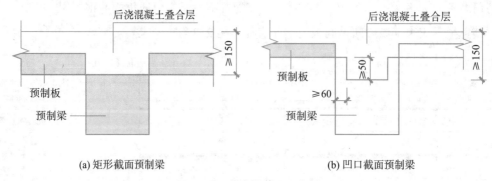

(a) 矩形截面预制梁　　　　　　　　　　(b) 凹口截面预制梁

图 2-28　叠合梁截面示意图

叠合梁的箍筋，在施工条件允许的情况下宜采用整体封闭箍筋，如图 2-29（a）所示。规范规定，抗震等级为一、二级的叠合框架梁梁端加密区中宜采用整体封闭箍筋。当采用封闭箍筋不便安装上部纵筋时，可采用组合封闭箍筋，即开口箍筋加箍筋帽的形式，如图 2–29（b）所示。开口箍筋上方应做成 135° 弯钩，弯钩端头平直段长度，非抗震设计时不应小于 5d（d 为箍筋直径），抗震设计时不应小于 10d。现场应采用箍筋帽封闭开口箍，箍筋帽末端构造与开口箍筋相同。

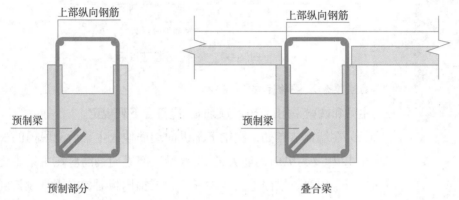

(a) 采用整体封闭箍筋的叠合梁

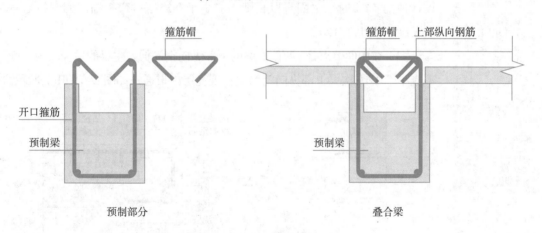

(b) 采用组合封闭箍筋的叠合梁

图 2–29　叠合梁箍筋构造示意

叠合梁可采用对接连接（图 2–30）。对接连接时，连接处应设置后浇段，其长度应满足梁下部纵向钢筋连接作业的空间需求。梁下部纵向钢筋在后浇段内宜采用机械连接、套筒灌浆连接或焊接连接。后浇段内的箍筋应加密，箍筋间距不应大于 5d（d 为纵向钢筋直径），且不大于 100mm。

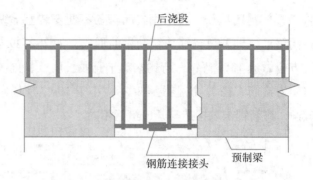

图 2-30 叠合梁连接节点示意

3. 主梁和次梁的连接

主梁和次梁采用后浇段连接时，应符合下列规定。

（1）在端部节点处，次梁下部纵向钢筋伸入主梁后浇段内的长度不应小于 $12d$（d 为纵向钢筋直径）。次梁上部纵向钢筋应在主梁后浇段内锚固。当采用弯折锚固 [图 2-31（a）] 或锚固板时，锚固直段长度不应小于 $0.6l_{ab}$（l_{ab} 为受拉钢筋基本锚固长度）；当钢筋应力不大于钢筋强度设计值的 50% 时，锚固直段长度不应小于 $0.35l_{ab}$；弯折锚固的弯折后直段长度不应小于 $12d$。

（2）在中间节点处，两侧次梁的下部纵向钢筋伸入主梁的后浇段内长度不应小于 $12d$；次梁上部纵向钢筋应在现浇层内贯通，如图 2-31（b）所示。

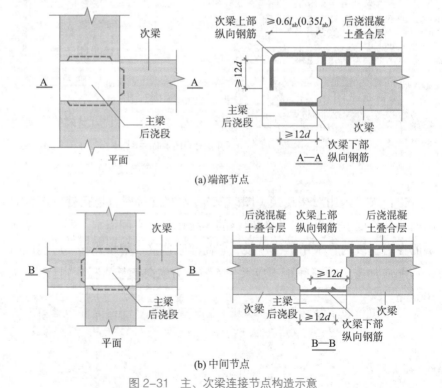

图 2-31 主、次梁连接节点构造示意

4.预制柱纵向受力钢筋

预制柱纵向受力钢筋直径不宜小于 20mm，在柱底采用套筒灌浆连接时，柱底箍筋加密区长度不应小于纵向受力钢筋连接区域长度与 500mm 之和；套筒上端第一道箍筋距离套筒顶部不应大于 50mm（图 2-32）。

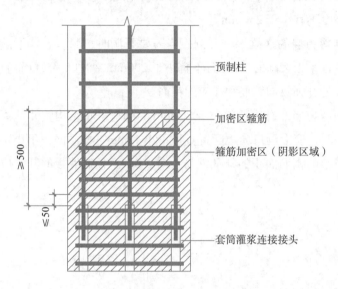

图 2-32　钢筋采用套筒灌浆连接时柱底箍筋加密区域构造示意

采用预制柱及叠合梁的装配整体式框架中，柱底接缝宜设置在楼面标高处（图 2-33），柱纵向受力钢筋应贯穿后浇节点区，柱底接缝厚度宜为 20mm，并应采用灌浆料填实。

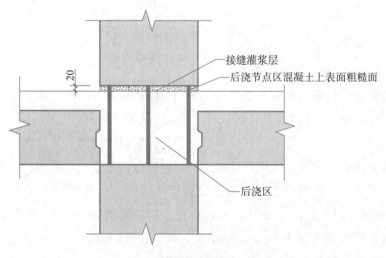

图 2-33　预制柱底接缝构造示意

2.3.5 装配整体式剪力墙结构的连接构造

1. 预制剪力墙构造

预制剪力墙宜采用一字形,也可采用 L 形、T 形或 U 形;开洞预制剪力墙洞口宜居中布置,洞口两侧的墙肢宽度不应小于 200mm,洞口上方连梁高度不宜小于 250mm。

预制剪力墙的连梁不宜开洞。当需要开洞时,洞口上、下截面的有效高度不宜小于梁高的 1/3,且不宜小于 200mm。洞口处应配置直径不小于 12mm 的补强纵向钢筋和相应的箍筋。

预制剪力墙开有边长不小于 800mm 的洞口且在结构整体计算中不考虑其影响时,应沿洞口周边配置直径不小 12mm、截面面积不小于同方向被洞口截断的钢筋面积的补强钢筋(图 2-34)。预制墙板的开洞应在工厂完成。

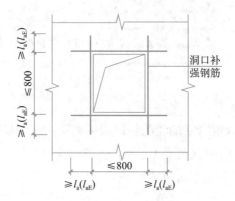

图 2-34 预制剪力墙洞口补强钢筋配置示意

2. 连接构造

1)预制剪力墙间接缝

楼层内相邻预制剪力墙之间应采用整体式接缝连接。当接缝位于纵横墙交接处的约束边缘构件区域时,约束边缘构件的阴影区域(图 2-35)宜全部采用后浇混凝土,并应在后浇段内设置封闭箍筋。当接缝位于纵横墙交接处的构造边缘构件区域时,构造边缘构件宜全部采用后浇混凝土(图 2-36);当仅在一面墙上设置后浇段时,后浇段的长度不宜小于 300mm(图 2-37)。非边缘构件位置,相邻预制剪力墙之间应设置后浇段,后浇段的宽度不应小于墙厚且不宜小于 200mm;后浇段内应设置不少于 4 根竖向钢筋,钢筋直径不应小于墙体竖向分布筋直径且不小于 8mm;两侧墙体的水平分布筋在后浇段内的锚固、连接应符合规范规定。

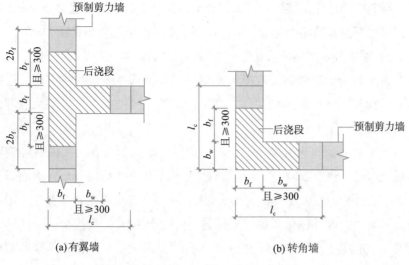

(a) 有翼墙　　　　　　　　(b) 转角墙

图 2-35　约束边缘构件阴影区域全部后浇构造示意

l_c— 约束边缘构件沿墙肢的长度

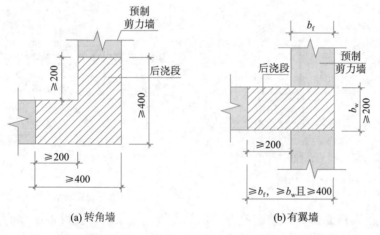

(a) 转角墙　　　　　　　　(b) 有翼墙

图 2-36　构造边缘构件全部后浇构造示意（阴影区域为构造边缘构件范围）

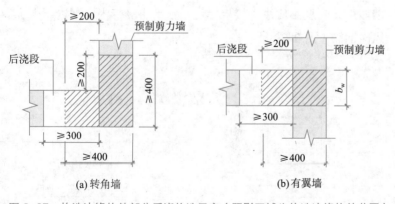

(a) 转角墙　　　　　　　　(b) 有翼墙

图 2-37　构造边缘构件部分后浇构造示意（阴影区域为构造边缘构件范围）

预制剪力墙底部接缝宜设置在楼面标高处。接缝高度宜为20mm，接缝宜采用灌浆料填实，接缝处后浇混凝土上表面应设置粗糙面。

2）圈梁或水平后浇带

连续封闭的后浇钢筋混凝土圈梁是保证结构整体性和稳定性，连接楼盖结构与预制剪力墙的关键。在不设置圈梁的楼面处，水平后浇带也能起到圈梁的作用。

屋面及立面收进的楼层，应在预制剪力墙顶部设置封闭的后浇钢筋混凝土圈梁（图2-38）。圈梁截面宽度不应小于剪力墙的厚度，截面高度不宜小于楼板厚度及250mm的较大值。圈梁应与现浇或者叠合楼、屋盖浇筑成整体。圈梁内配置的纵向钢筋不应少于$4\phi12$，且按全截面计算的配筋率不应小于0.5%和水平分布筋配筋率的较大值，纵向钢筋竖向间距不应大于200mm；箍筋间距不应大于200mm，直径不应小于8mm。

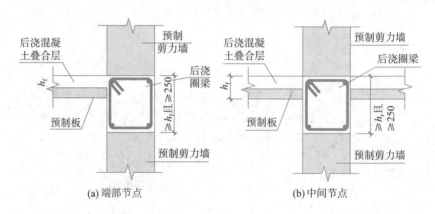

图2-38 后浇钢筋混凝土圈梁构造示意

各层楼面位置，预制剪力墙顶部无后浇圈梁时，应设置连续的水平后浇带，并与现浇或者叠合楼、屋盖浇筑成整体。水平后浇带的宽度同剪力墙厚度，高度不应小于楼板厚度。水平后浇带内应配置不少于$2\phi12$连续纵向钢筋（图2-39）。

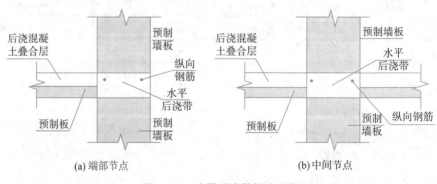

图2-39 水平后浇带构造示意

3）预制剪力墙的竖向钢筋

上下层预制剪力墙的竖向钢筋，当采用套筒灌浆连接和浆锚搭接连接时，边缘构件竖向钢筋应逐根连接。预制剪力墙的竖向分布钢筋，当仅部分连接时（图 2–40），被连接的同侧钢筋间距不应大于 600mm，不连接的竖向分布钢筋直径不应小于 6mm。一级抗震等级剪力墙及二、三级抗震等级剪力墙底部加强部位，剪力墙的边缘构件竖向钢筋宜采用套筒灌浆连接。

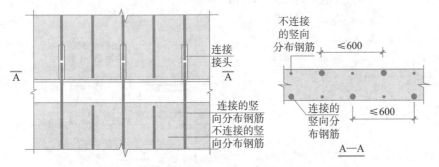

图 2–40　预制剪力墙竖向分布钢筋连接构造示意

预制剪力墙与下层现浇剪力墙的竖向钢筋的连接也应符合上述要求，并且下层现浇剪力墙顶面应设置粗糙面。

4）预制叠合连梁与预制剪力墙的连接

预制剪力墙洞口上方的预制连梁宜与后浇圈梁或水平后浇带形成叠合连梁。

预制叠合连梁的预制部分宜与剪力墙整体预制，也可在跨中拼接或在端部与预制剪力墙拼接。

当预制叠合连梁端部与预制剪力墙在平面内拼接时，接缝构造应符合下列规定：当墙端边缘构件采用后浇混凝土时，连梁纵向钢筋应在后浇段内可靠锚固 [图 2–41（a）] 或连接 [图 2–41（b）]；当预制剪力墙端部上角预留局部后浇节点区时，连梁的纵向钢筋应在局部后浇节点区内可靠锚固 [图 2–41（c）] 或连接 [图 2–41（d）]。

当采用后浇连梁时，宜在预制剪力墙端伸出预留纵向钢筋，并与后浇连梁的纵向钢筋可靠连接（图 2–42）。

5）楼面梁与预制剪力墙的连接

楼面梁不宜与预制剪力墙在剪力墙平面外单侧连接。当楼面梁与预制剪力墙在剪力墙平面外单侧连接时，宜采用铰接。

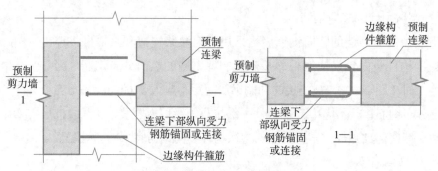

(a) 预制连梁钢筋在后浇段内锚固构造示意

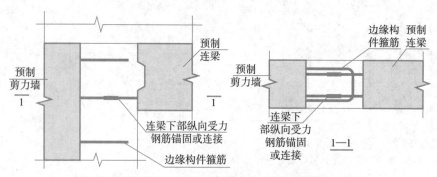

(b) 预制连梁钢筋在后浇段内与预制剪力墙预留钢筋连接构造示意

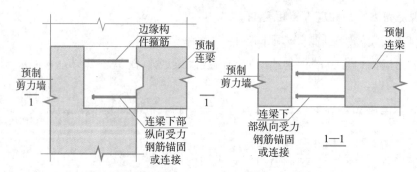

(c) 预制连梁钢筋在预制剪力墙局部后浇节点区内锚固构造示意

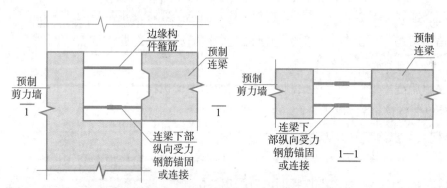

(d) 预制连梁钢筋在预制剪力墙局部后浇节点区内与墙板预留钢筋连接构造示意

图 2-41 同一平面内预制连梁与预制剪力墙连接构造示意

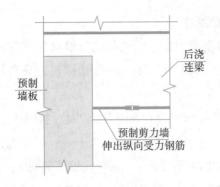

图 2-42 后浇连梁与预制剪力墙连接构造示意

2.3.6 多层装配式剪力墙结构

多层装配式剪力墙结构是指 6 层及 6 层以下、建筑设防类别为丙类的结构。这种结构体系构造简单，施工方便，可广泛应用于多层住宅。

1. 预制剪力墙的构造

预制剪力墙截面厚度，当房屋高度不大于 10m 且不超过 3 层时不应小于 120mm，当房屋超过 3 层时不宜小于 140mm。

当预制剪力墙截面厚度不小于 140mm 时，应配置双排双向分布钢筋网，水平及竖向分布筋的配筋率均不应小于 0.15%。

2. 连接构造

1）后浇暗柱

抗震等级为三级时，在预制剪力墙转角、纵横交接部位应设置后浇混凝土暗柱。其截面高度不宜小于墙厚，且不应小于 250mm，截面宽度可取墙厚（图 2-43），所配竖向钢筋和箍筋应满足表 2-7 的要求。

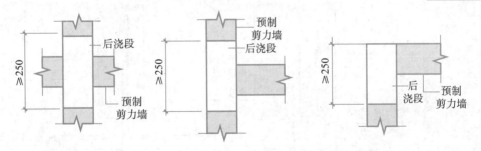

图 2-43 多层装配式剪力墙结构后浇混凝土暗柱示意

表 2-7 多层装配式剪力墙结构后浇混凝土暗柱配筋要求

底　　层			其　　他　　层		
纵向钢筋最小量	箍筋 / mm		纵向钢筋最小量	箍筋 / mm	
	最小直径	沿竖向最大间距		最小直径	沿竖向最大间距
$4\phi12$	6	200	$4\phi10$	6	250

2）预制剪力墙接缝

楼层内相邻预制剪力墙之间的竖向接缝可采用后浇段连接。后浇段内应设置竖向钢筋，其配筋率不应小于墙体竖向分布筋配筋率，且不宜小于 $2\phi12$。

预制剪力墙水平接缝宜设置在楼面标高处，接缝厚度宜为 20mm。接缝处应设置连接节点，连接节点间距不宜大于 1m。穿过接缝的连接钢筋直径不应小于 14mm，配筋率不应低于墙板竖向钢筋配筋率。连接钢筋可采用套筒灌浆连接、浆锚搭接连接、焊接连接，其连接构造如图 2-44~ 图 2-47 所示。

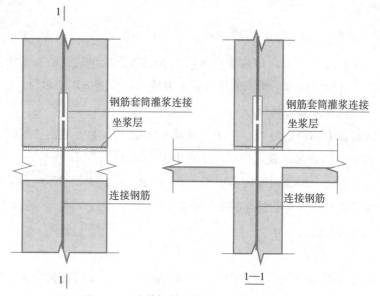

图 2-44 连接钢筋套筒灌浆连接构造示意

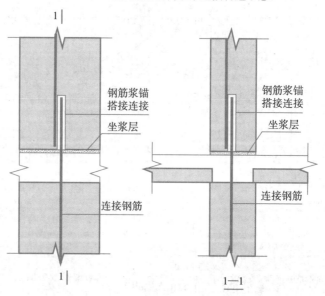

图 2-45 连接钢筋浆锚搭接连接构造示意

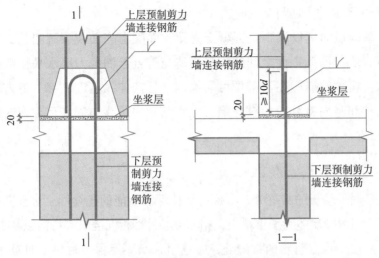

图 2-46　连接钢筋焊接连接构造示意

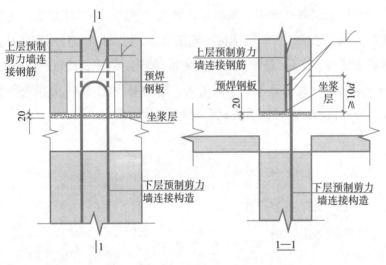

图 2-47　连接钢筋预焊钢板连接构造示意

3）叠合楼盖的连接构造

当房屋层数大于 3 层时，屋面、楼面宜采用叠合楼盖，叠合板与预制剪力墙的连接构造见 2.3.2 小节；沿各层墙顶应设置水平后浇带，其构造见 2.3.5 小节；当抗震等级为三级时，应在屋面设置封闭的后浇钢筋混凝土圈梁，其构造见 2.3.5 小节。当房屋层数不大于 3 层时，楼面可采用预制楼板。

4）连梁与剪力墙的连接

连梁宜与剪力墙整体预制，也可在跨中拼接。

5）预制剪力墙与基础的连接

基础顶面应设置现浇混凝土圈梁，圈梁上表面应设置粗糙面。预制剪力墙与圈梁顶面之间的接缝构造应符合预制剪力墙水平接缝构造要求，连接钢筋应在基础中可靠锚固，且宜伸入基础底部。剪力墙后浇暗柱和竖向接缝内的纵向钢筋应在基础中可靠锚固，且宜伸入基础底部。

2.3.7　预制外墙板的接缝构造

预制外墙板的接缝处，应保持墙体保温性能的连续性。对于夹心外墙板，但内叶墙体为承重墙板，相邻夹心外墙板间浇筑有后浇混凝土时，在夹心层中保温材料的接缝处，应选用 A 级不燃保温材料（如岩棉等）填充。

对于承重预制外墙板、预制外挂墙板、预制夹心外墙板等不同外墙板连接节点，悬挑构件、装饰构件连接节点，以及门窗连接节点的构造，均应满足结构、热工、防水、防火、保温、隔热、隔声及建筑造型的要求，做到构造合理、施工方便、坚固耐久。图 2–48 和图 2–49 分别为预制承重夹心外墙板和预制外挂墙板板缝构造示意。

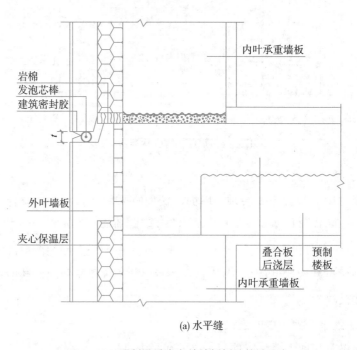

(a) 水平缝

图 2–48　预制承重夹心外墙板板缝构造示意

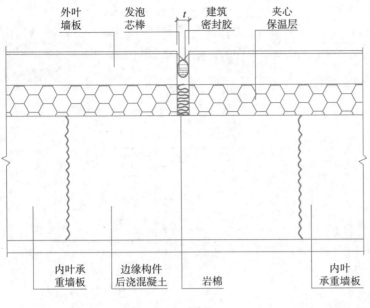

(b) 垂直缝

图　2-48（续）

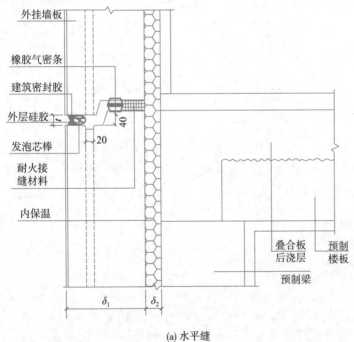

(a) 水平缝

图 2-49　预制外挂墙板板缝构造示意

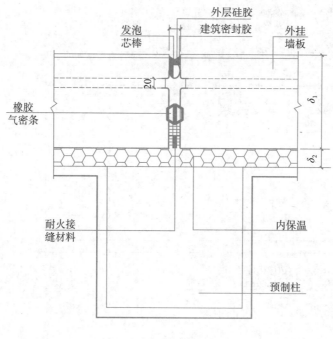

(b) 垂直缝

图 2-49（续）

—— 读书笔记 ——

课后练习题

1. 装配式混凝土建筑对混凝土、钢筋和钢材各有什么要求?

2. 简述连接材料的种类及其主要性能要求。

3. 简述钢筋套筒连接的原理。

4. 简述装配式混凝土建筑主要构件的种类及用途。

5. 简述在装配整体式结构中,节点及接缝处的纵向钢筋连接要求。

6. 简述叠合楼盖、预制楼梯、装配整体式框架结构、装配整体式剪力墙结构、多层装配式剪力墙结构的主要连接构造。

教学单元3 装配式混凝土建筑施工图

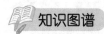 知识图谱

微课：装配式
混凝土建筑施工图

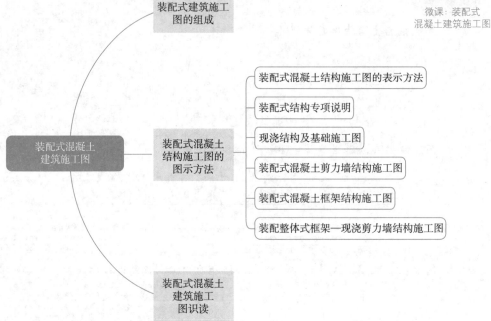

装配式混凝土建筑施工图
- 装配式建筑施工图的组成
- 装配式混凝土结构施工图的图示方法
  - 装配式混凝土结构施工图的表示方法
  - 装配式结构专项说明
  - 现浇结构及基础施工图
  - 装配式混凝土剪力墙结构施工图
  - 装配式混凝土框架结构施工图
  - 装配整体式框架—现浇剪力墙结构施工图
- 装配式混凝土建筑施工图识读

学习目标

知识能力目标

（1）掌握装配式建筑施工图的组成。

（2）掌握装配式混凝土结构施工图的图示方法。

（3）能够识读装配式混凝土建筑施工图。

课程思政目标

深刻领会施工图的重要性、严谨性，牢固树立"按图施工"的职业意识。

3.1 装配式建筑施工图的组成

按照内容和作用不同，装配式建筑施工图分为建筑施工图（简称"建施"）、结构施工图（简称"结施"）和设备施工图（简称"设施"）。

建筑施工图主要用来表示房屋建筑的规划位置、外部造型、内部各房间的布置、内外装修、材料、构造及施工要求等。建筑施工图一般包括建筑设计总说明、建筑总平面图、平面图、立面图、剖面图及详图等。其中建筑总平面图也称总图，用于表达建筑物的地理位置和周围环境。

结构施工图主要用以表示房屋骨架系统的结构类型、构件布置、构件种类、数量、构件的内部构造和外部形状、大小，以及构件间的连接构造。结构施工图一般包括：结构设计说明（含装配式结构专项说明）、结构平面布置图（包括基础、剪力墙、柱、梁、板、楼梯等）、连接节点详图、预制构件详图（包括模板图和配筋图）。

设备施工图主要表达房屋给水排水、供电照明、采暖通风、空调、燃气等设备的布置和施工要求等。它主要包括各种设备的布置平面图、系统图和施工要求等内容。该类图纸可按工种不同再分成给水排水施工图（简称"水施图"）、采暖通风与空调施工图（简称"暖施图"）、电气设备施工图（简称"电施图"）等。

装配式建筑施工图实际上是建筑工程施工图的一种特例，建筑工程施工图的图示方法、制图规定等，均适用于装配式建筑施工图。因此，装配式混凝土建筑的建筑施工图、设备施工图的图示方法与现浇混凝土建筑相同，但结构施工图与现浇混凝土建筑有所不同。本章只介绍装配式混凝土结构施工图的图示方法。

表 3–1 为装配式建筑施工图常用图例。

表 3–1 装配式建筑施工图常用图例

名　　称	图　　例	名　　称	图　　例
预制钢筋混凝土（包括内墙、内叶墙、外叶墙）		后浇段、边缘构件	
		夹心保温外墙	
保温层		预制外墙模板	
现浇钢筋混凝土墙体			

3.2 装配式混凝土结构施工图的图示方法

3.2.1 装配式混凝土结构施工图的表示方法

装配式混凝土结构施工图采用平面表示方法，即在结构平面图上表达各结构构件的布置，包括基础顶面以上的预制混凝土剪力墙外墙板、预制混凝土剪力墙内墙板、预制柱、叠合梁、叠合楼盖、预制板式楼梯、预制阳台板、空调板及女儿墙等构件的布置，并与预制构件详图、连接节点详图相配合，形成一套完整的装配式混凝土结构施工图。

装配式建筑中许多预制构件和配件已经有标准的定型设计，并配有标准设计图集，如《预制混凝土剪力墙外墙板》（15G365-1）、《桁架钢筋混凝土叠合板（60mm厚底板）》（15G366-1）等。为节省设计和制图工作量，凡是采用标准定型设计的构件和配件，在结构平面布置图中直接标注编号，并列表注释预制构件的尺寸、质量、数量和选用方法等。当直接选用标准图集中的预制构件时，配套图集中已按构件类型注明编号，并配以详图，只需在构件表中明确平面布置图中构件编号与所选图集中构件编号的对应关系，使两者结合构成完整的结构设计图。若自行设计构件，则需绘制构件详图。

3.2.2 装配式结构专项说明

装配式混凝土结构设计总说明与现浇混凝土结构相同，但其中的装配式结构专项说明是装配式建筑施工图所特有的，旨在说明与装配式结构密切相关的部分。装配式结构专项说明通常包括以下内容。

1. 总则

总则包括装配式结构图纸使用说明、配套的标准图集、材料要求、预制构件深化设计要求等。其中材料要求包括预制构件用混凝土、钢筋、钢材和连接材料，以及预制构件连接部位的坐浆材料、预制混凝土夹心保温外墙板采用拉结件等。

2. 预制构件的生产与检验

预制构件的生产与检验包括预制构件的模具尺寸偏差要求与检验方法，粗糙面粗糙度要求、预制构件的允许尺寸偏差，钢筋套筒灌浆连接的检验、预制构件外观要求、结构性能检验要求等。

3. 预制构件的运输与堆放

预制构件的运输要求包括运输车辆要求、构件装车要求；堆放要求包括场地要求，靠放时的方向和叠放的支垫要求与层数限制。

4. 现场施工

现场施工包括构件进场检查要求、预制构件安装要求与现场施工中的允许误差，以及附着式塔吊水平支撑和外用电梯水平支撑与主体结构的连接要求等。

5. 验收

说明装配式结构部分的验收要求。装配式结构部分应按混凝土结构子分部工程进行验收，并需提供相关材料。

3.2.3　现浇结构及基础施工图

在装配式混凝土结构施工图中，现浇结构（包括叠合层）及基础的施工图，可参照《混凝土结构施工图平面整体表示方法制图规则和构造详图（现浇混凝土框架、剪力墙、梁、板）》（22G101-1）、《混凝土结构施工图平面整体表示方法制图规则和构造详图（独立基础、条形基础、筏形基础、桩基础）》（22G101-3）执行。

3.2.4　装配式混凝土剪力墙结构施工图

1. 装配式混凝土剪力墙结构

1）施工图的表示方法

装配式混凝土剪力墙结构施工图采用列表注写方式。为表达清楚、简便，装配式剪力墙墙体结构可视为由预制剪力墙、后浇段、现浇剪力墙身、现浇剪力墙柱、现浇剪力墙梁等构件构成。其中，现浇剪力墙身、现浇剪力墙柱和现浇剪力墙梁的注写方式按《混凝土结构施工图平面整体表示方法制图规则和构造详图（现浇混凝土框架、剪力墙、梁、板）》（22G101-1）的规定。对应于预制剪力墙平面布置图上的编号，在预制墙板表中，选用标准图集中的预制剪力墙或引用施工图中自行设计的预制剪力墙；在后浇段表中，绘制截面配筋图并注写几何尺寸与配筋具体数值。

2）预制混凝土剪力墙平面布置图的表示方法

预制混凝土剪力墙（简称"预制剪力墙"）平面布置图应按标准层绘制，内容包括预制剪力墙、现浇混凝土墙体、后浇段、现浇梁、楼面梁、水平后浇带或圈梁等。在平面布置图中，应标注结构楼层标高表，并注明上部结构嵌固部位位置；应标注未居中承重墙体与轴线的定位，预制剪力墙的门窗洞口、结构洞的尺寸和定位，预制剪力墙的装配方向，以及水平后浇带或圈梁的位置。

3）预制混凝土剪力墙编号规定

预制剪力墙编号由墙板代号、序号组成，如表 3-2 所示。代号指预制构件种类，序号用于表达同类构件的顺序。序号可为数字，或数字加字母。在编号中，如若干预制剪力墙的模板、配筋、各类预埋件完全一致，仅墙厚与轴线的关系不同，也可将其编为同一预制剪力墙编号，但应在图中注明与轴线的几何关系。

表 3-2　装配式混凝土剪力墙结构构件编号

构件名称		代号	序号	示　　例
预制混凝土剪力墙	预制外墙	YWQ	××	YWQ1：表示预制外墙，序号为 1
	预制内墙	YNQ	××	YNQ5a：表示某工程有一块预制混凝土内墙板与已编号的 YNQ5 除线盒位置外，其他参数均相同，为方便起见，将该预制内墙板序号编为 5a
后浇段	约束边缘构件后浇段	YHJ	××	YHJ1：表示约束边缘构件后浇段，序号为 1
	构造边缘构件后浇段	GHJ	××	GHJ1：表示构造边缘构件后浇段，序号为 1
	非边缘构件后浇段	AHJ	××	AHJ1：表示非边缘构件后浇段，序号为 1
预制混凝土叠合梁	预制叠合梁	DL	××	DL1：表示预制叠合梁，序号为 1
	预制叠合连梁	DLL	××	DLL1：表示预制叠合连梁，序号为 1
预制外墙模板	预制外墙模板	JM	××	JM1：表示预制外墙模板，序号为 1

4）预制墙板表的内容及注写规则

在预制墙板表中表达的内容如下。

（1）注写墙板编号。见表 3-2。

（2）注写各段墙板位置信息，包括所在轴号和所在楼层号。所在轴号应先标注垂直于墙板的起止轴号，用"~"表示起止方向；再标注墙板所在轴线轴号，二者用"／"分隔，如图 3-1（a）所示。如果同一轴线、同一起止区域内有多块墙板，可在所在轴号后用"-1""-2"……顺序标注。同时，需要在平面图中注明预制剪力墙的装配方向，外墙板以内侧为装配方向，不需特殊标注；内墙板用 ▲ 表示装配方向，如图 3-1（b）所示。

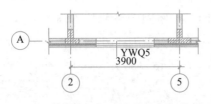

(a) 外墙板YWQ5所在轴号为②~⑤/Ⓐ

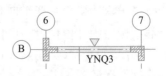

(b) 内墙板YNQ3所在轴号为⑥~⑦/Ⓑ
装配方向如图所示

图 3-1　所在轴号示意

（3）注写管线预埋位置信息。当选用标准图集时，高度方向可只注写低区、中区和高区，水平方向根据标准图集的参数进行选择；当不可选用标准图集时，高度方向和水平方向均应注写具体定位尺寸，其参数位置所在装配方向为 X、Y，装配方向背面为 X′、Y′，可用下角标编号区分不同线盒，如图 3-2 所示。

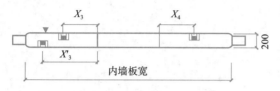

图 3-2　线盒参数含义示例

（4）构件质量、构件数量。

（5）构件详图页码。当选用标准图集时，需标注图集号和相应页码；当自行设计时，应注写构件详图的图纸编号。

5）后浇段表示方法

（1）编号规定。

后浇段编号由后浇段类型代号和序号组成，如表 3-2 所示。在编号中，如若干后浇段的截面尺寸与配筋均相同，仅截面与轴线的关系不同时，可将其编为同一后浇段号；约束边缘构件后浇段包括有翼墙和转角墙两种，如图 3-3 所示；构造边缘构件后浇段包括构造边缘翼墙、构造边缘转角墙、边缘暗柱 3 种，如图 3-4 所示；非边缘构件后浇段如图 3-5 所示。

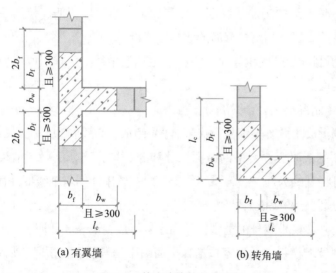

(a) 有翼墙　　　(b) 转角墙

图 3-3　约束边缘构件后浇段

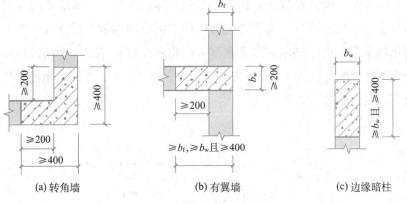

(a) 转角墙   (b) 有翼墙   (c) 边缘暗柱

图 3-4　构造边缘构件后浇段

图 3-5　非边缘构件后浇段

（2）后浇段表的内容及注写规则。

后浇段表中表达的内容如下。

① 注写后浇段编号，绘制该后浇段的截面配筋图，标注后浇段几何尺寸。

② 注写后浇段的起止标高，后浇段根部往上以变截面位置或截面未变但配筋改变处为界分段注写。

③ 注写后浇段的纵向钢筋和箍筋，注写值应与在表中绘制的截面配筋对应一致。纵向钢筋注纵筋直径和数量，后浇段箍筋、拉筋的注写方式与现浇剪力墙结构墙柱箍筋的注写方式相同。

④ 预制墙板外露钢筋尺寸应标注至钢筋中线，保护层厚度应标注至箍筋外表面。

6）预制混凝土叠合梁编号

预制混凝土叠合梁编号由代号、序号组成，如表 3-2 所示。在编号中，如若干预制混凝土叠合梁的截面尺寸和配筋均相同，仅梁与轴线关系不同，也可将其编为同一叠合梁编号，但应在图中注明与轴线的几何关系。

7）预制外墙模板编号

预制外墙模板编号由类型代号和序号组成，如表 3-2 所示。

预制外墙模板表的内容包括：平面图中编号、所在层号、所在轴号、外墙板厚度、构件质量、数量、构件详图页码（图号）。

图 3-6 为剪力墙平面布置图示例，图 3-7 为后浇段配筋示例。

图 3-6
BIM 模型

剪力墙梁表

编号	所在层号	梁顶相对标高高差	梁截面 $b \times h$	上部纵筋	下部纵筋	箍筋
LL1	4~20	0.000	200×500	2Φ16	2Φ16	Φ8@100(2)

预制墙板表

平面图中编号	所在层号	内叶墙板	外叶墙板	管线预埋	所在轴号	墙厚(内叶墙)	构件质量/	数量	构件详图页码(图号)
YWQ1	4~20	—	—	见大样图	⑧~⑩/①	200	6.9	17	结施-01
YWQ2	4~20	—	—	见大样图	⑧~⑧/①	200	5.3	17	结施-02
YWQ3L	4~20	WQC1-3328-1514wy-1	wy-1,a=190,b=20	低区X=450 高区X=280	①~②/④	200	3.4	17	15G365-1,60,61
YWQ4L	4~20	—	—	见大样图	②~④/④	200	3.8	17	结施-03
YWQ5L	4~20	WQC1-3328-1514	wy-2,a=20,b=190 a_0=590,d_0=80	低区X=450 高区X=280	①~②/⑩	200	3.9	17	15G365-1,60,61
YWQ6L	4~20	WQC1-3628-1514	wy-2,a=290,b=290 c_0=590,d_0=80	低区X=450 高区X=430	②~③/⑩	200	4.5	17	15G365-1,64,65
YNQ1	4~20	NQ-2728	—	低区X=450 高区X=450	②~③/①	200	3.6	17	15G365-1,16,17
YNQ2L	4~20	NQ-2428	—	低区X=450 中区X=750	④~⑧/②	200	3.2	17	15G365-2,14,15
YNQ3	4~20	—	—	低区X=150 中区X=750	④~⑩/④	200	3.5	17	结施-04
YNQ1a	4~20	NQ-2728	—	低区X=150 中区X=750	⑩~⑩/③	200	3.6	17	15G365-2,16,17

预制外墙模板表

平面图中编号	所在层号	所在轴号	外叶墙板厚度 t	构件质量/	数量	构件详图页码(图号)
JM1	4~20	④/①,⑩/①	60	0.47	34	15G365-1,228

注：1. 本平面后浇带配筋详见装配式结构专项说明及预制墙板详图。
　　2. 本图中各配筋仅为示例，实际工程中详见具体设计。
　　3. 未注明墙体均为轴线层中，墙体厚度为 200mm。

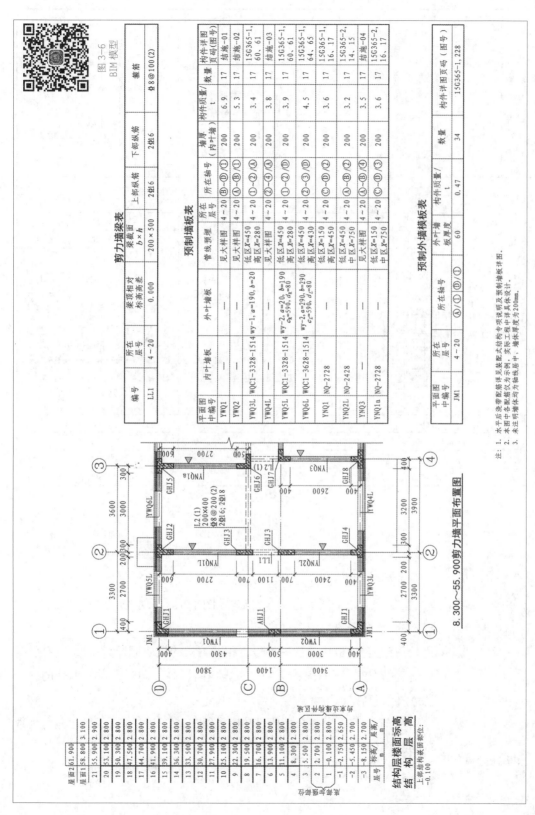

8.300~55.900 剪力墙平面布置图

结构层楼面标高
结　构　层　高
上部结构嵌固层位：
-0.100

图 3-6　剪力墙平面布置图示例

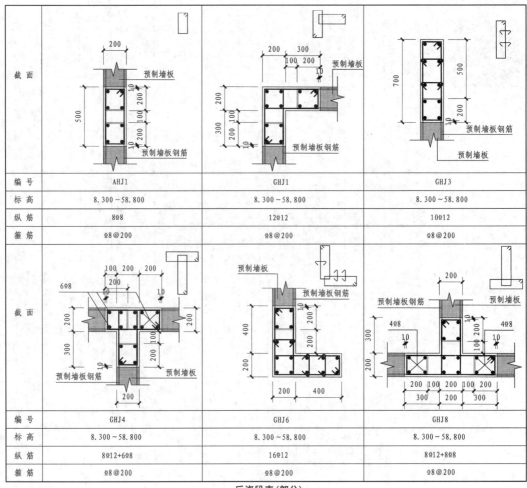

后浇段表（部分）

图 3-7　后浇段配筋示例

2.叠合楼盖施工图

1）叠合楼盖施工图的表示方法

叠合楼盖施工图要包括预制底板平面布图、现浇层配筋图、水平后浇带或圈梁布置图。

所有叠合板板块应逐一编号，相同编号的板块可择其一做集中标注，其他仅注写置于圆圈内的板编号。当板面标高不同时，在板编号的斜线下标注标高高差，下降为负（-）。

叠合板编号，由叠合板代号和序号组成，如表 3-3 所示。序号可为数字，或数字加字母。

表 3–3　叠合板编号

构件名称		代号	序号	示　　例
叠合板	叠合楼面板	DLB	××	DLB1：表示楼板为叠合板，序号为 1
	叠合屋面板	DWB	××	DWB1：表示屋面板为叠合板，序号为 1
	叠合悬挑板	DXB	××	DXB1：表示悬挑板为叠合板，序号为 1
叠合板底板接缝	叠合板底板接缝	JF	××	JF1：表示叠合板之间的接缝，序号为 1
	叠合板底板密拼接缝	MF	—	—
水平后浇带	水平后浇带	SHJD	××	SHJD1：表示水平后浇带，序号为 1

2）叠合楼盖现浇层标注

叠合楼盖现浇层注写方法与《混凝土结构施工图平面整体表示方法制图规则和构造详图（现浇混凝土框架、剪力墙、梁、板）》（22G101-1）的"有梁楼盖板平法施工图的表示方法"相同。同时应标注叠合板编号。

3）预制底标注

预制底板平面布置图中需要标注叠合板编号、预制底板编号、各块预制底板尺寸和定位。当选用标准图集中的预制底板时，可直接在板块上标注标准图集中的底板编号；当自行设计预制底板时，可参照标准图集的编号规则进行编号。预制底板为单向板时，还应标注板边调节缝和定位；预制底板为双向板时，还应标注接缝尺寸和定位；当板面标高不同时，标注底层标高高差，下降为负（–）。同时应绘出预制底板表。

（1）预制底板表中需要标明叠合板编号、板块内的预制底板编号及其与叠合板编的对应关系、所在楼层、构件质量和数量、构作详图页码（自行设计构件为图号）、构件设计补充内容（线盒、留洞位置等）。

（2）当选用标准图集的制板时，可选内容详见《桁架钢筋混凝土叠合板（60mm 厚底板）》（15G366-1），标准图集中预制底板编号规则如表 3–4~表 3–6 所示。

表 3-4 叠合板底板编号

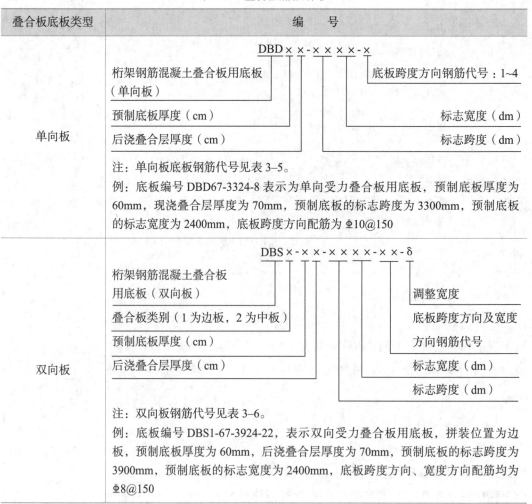

叠合板底板类型	编　号

单向板

DBD××-×××××-×

桁架钢筋混凝土叠合板用底板（单向板）

预制底板厚度（cm）

后浇叠合层厚度（cm）

底板跨度方向钢筋代号：1~4

标志宽度（dm）

标志跨度（dm）

注：单向板底板钢筋代号见表 3-5。

例：底板编号 DBD67-3324-8 表示为单向受力叠合板用底板，预制底板厚度为60mm，现浇叠合层厚度为70mm，预制底板的标志跨度为3300mm，预制底板的标志宽度为2400mm，底板跨度方向配筋为 ⊉10@150

双向板

DBS×-××-×××××-××-δ

桁架钢筋混凝土叠合板用底板（双向板）

叠合板类别（1为边板，2为中板）

预制底板厚度（cm）

后浇叠合层厚度（cm）

调整宽度

底板跨度方向及宽度方向钢筋代号

标志宽度（dm）

标志跨度（dm）

注：双向板钢筋代号见表 3-6。

例：底板编号 DBS1-67-3924-22，表示双向受力叠合板用底板，拼装位置为边板，预制底板厚度为60mm，后浇叠合层厚度为70mm，预制底板的标志跨度为3900mm，预制底板的标志宽度为2400mm，底板跨度方向、宽度方向配筋均为 ⊉8@150

表 3-5 单向板底板钢筋编号表

代　号	1	2	3	4
受力钢筋规格及间距	⊉8@200	⊉8@150	⊉10@200	⊉10@150
分布钢筋规格及间距	⊉6@200	⊉6@200	⊉6@200	⊉6@200

表 3-6 双向板底板跨度、宽度方向钢筋代号组合表

宽度方向钢筋	⊉8@200	⊉8@150	⊉10@200	⊉10@150
⊉8@200	11	21	31	41
⊉8@150	—	22	32	42
⊉8@100	—	—	—	43

（3）叠合楼盖预制底板接缝需要在平面上标注其编号、尺寸和位置，并需绘出接缝的详图。接缝编号如表 3-3 所示。

当叠合楼盖预制底板接缝选用标准图集时，可在接缝选用表中写明节点选用图集号、页码、节点号和相关参数。当自行设计时，由设计单位给出节点详图。

（4）若设计的预制底板与标准图集中板型的模板、配筋不同，应由设计单位进行构件详图设计。

4）水平后浇带或圈梁标注

须在平面上标注水平后浇带或圈梁的分布位置。

水平后浇带编号由代号和序号组成，如表 3-3 所示。

水平后浇带表的内容包括平面中的编号、所在平面位置、所在楼层及配筋。

图 3-8 为叠合楼盖平面布置图示例。

3. 预制钢筋混凝土板式楼梯施工图

预制楼梯施工图包括按标准层绘制的平面布置图、剖面图、预制梯段板的连接节点、预制楼梯构件表等内容。

本节介绍预制楼梯的表达方式，与楼梯相关的现浇混凝平台板、梯梁、梯柱的注写方式参见《混凝土结构施工图平面整体表示方法制图规则和构造详图（现浇混凝土框架梁、剪力墙、梁、板）》（22G101-1）。

1）预制楼梯的编号

预制楼梯的编号规则如表 3-7 所示。例如 ST-28-25，表示预制钢筋混凝土板式楼梯为双跑楼梯，层高为 2800mm，楼楼间净宽为 2500mm。

表 3-7 预制楼梯编号

预制楼梯类型	编号	
双跑楼梯	预制钢筋混凝土双跑楼梯 —— ST-××-×× —— 楼梯间净宽（dm） 层高（dm）	
剪刀楼梯	预制钢筋混凝土剪刀楼梯 —— JT-××-×× —— 楼梯间净宽（dm） 层高（dm）	

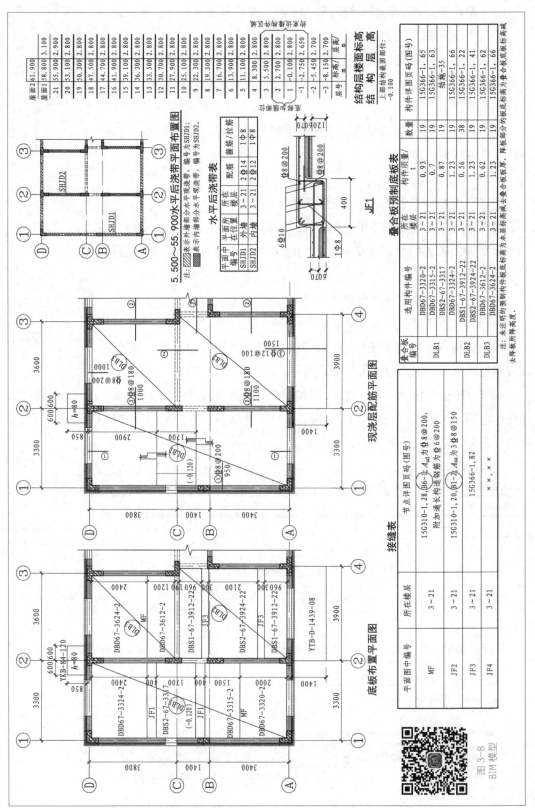

图 3-8　叠合楼盖平面布置图示例

2）预制楼梯注写

选用标准图集中的预制楼梯时，在平面图上直接标注标准图集中楼梯编号（图 3–9），编号规则符合表 3–7。预制楼梯可选类型详见《预制钢筋混凝土板式楼梯》（15G367-1）。

预制楼梯采用自行设计时，在平面图上直接标注楼梯编号，楼梯编号按设计。

3）预制楼梯平面布置图和剖面图标注的内容

预制楼梯平面布置图注写内容包括楼梯间的平面尺寸、楼层结构标高、楼梯的上下方向、预制梯板的平面几何尺寸、梯板类型及编号、定位尺寸和连接作法索引号等。剪力楼梯中还需标注防火隔墙的定位尺寸及做法。

预制楼梯剖面注写内容包括预制楼梯编号、梯梁梯柱编号、预制梯板水平及竖向尺寸、楼层结构标高、层间结构标高、建筑楼面做法厚度等。

4）预制梯表的主要内容

预制梯表的主要内容包括：①构件编号。②所在层号。③构件质量。④构件数量。⑤构件详图页码。选用标准图集的楼梯注写具体图集号和相应页码，自行设计的构件需注写施工图图号。⑥连接索引。标准构件应注写具体图集号、页码和节点号，自行设计时需注写施工图页码。⑦备注中可标明该预制构件是"标准构件"或"自行设计"。

图 3–9 为预制楼梯表示例。

5）预制隔墙板编号

预制隔墙板编号由预制隔墙代号 GQ 和序号 ×× 组成。如 GQ3，表示预制隔墙，序号为 3。在编号中，如若干预制隔墙板的模板、配筋、各类预埋件完全一致，仅墙厚与轴线的关系不同，也可将其编为同一预制隔墙板编号，但应在图中注明与轴线的几何关系。

4. 预制阳台板、空调板及女儿墙施工图

1）预制阳台板、空调板及女儿墙的表示方法

预制阳台板、空调板、女儿墙施工图包括按标准层绘制的平面布置图、构件选用表。平面布置图中需标注预制构件编号、定位尺寸及连接做法。

叠合式预制阳台板现浇层注写方法与《混凝土结构施工图平面整体表示方法制图规则和构造详图（现浇混凝土框架、剪力墙、梁、板）》（22G101-1）的"有梁楼盖板平法施工图的表示方法"相同。同时应标注叠合楼盖编号。

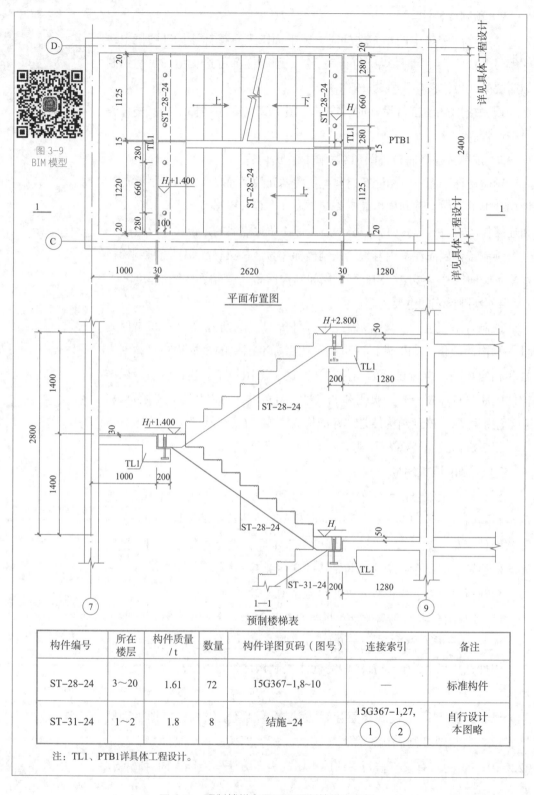

图 3-9
BIM 模型

平面布置图

1—1
预制楼梯表

构件编号	所在楼层	构件质量/t	数量	构件详图页码（图号）	连接索引	备注
ST-28-24	3～20	1.61	72	15G367-1,8~10	—	标准构件
ST-31-24	1～2	1.8	8	结施-24	15G367-1,27, ① ②	自行设计本图略

注：TL1、PTB1详具体工程设计。

图 3-9　预制楼梯布置图及预制楼梯表示例

2）预制阳台板、空调板及女儿墙编号

预制阳台板、空调板及女儿墙编号如表 3–8 所示。在女儿墙编号中，如若干女儿墙的厚度尺寸和配筋均相同，仅墙厚与轴线的关系不同，也可将其编为同一墙身号，但应在图中注明与轴线的几何关系，序号可为数字，或数字加字母。例如，YKTB2 表示预制空调板，序号为 2；YYTB3a 表示某工程有一块预制阳台板与已编号的 YYB3 除洞口位置外，其他参数均相同，为方便起见，将该预制阳台板序号编为 3a。

表 3–8　阳台板、空调板、女儿墙的编号

预制构件类型	代　号	序　号
阳台板	YYTB	××
空调板	YKTB	××
女儿墙	YNEQ	××

注写选用标准预制阳台板、空调板及女儿墙编号时，编号规则如表 3–9 所示。标准预制阳台板、空调板及女儿墙可选型号见《预制钢筋混凝土阳台板、空调板及女儿墙》（15G368-1）。

表 3–9　标准图集中预制阳台板、空调板及女儿墙编号

预制构件类型	编　号
阳台板	YTB-×-××××-×× 预制阳台板—— 预制阳台板类型：D、B、L 预制阳台板封边高度（仅用于板式阳台）：04，08，12 预制阳台板宽度（dm） 预制阳台板挑出长度（dm） 1. 预制阳台板类型：D 表示叠合板式阳台，B 表示全预制板式阳台，L 表示全预制梁式阳台； 2. 预制阳台封边高度：04 表示 400mm，08 表示 800mm，12 表示 1200mm； 3. 预制阳台板挑出长度从结构承重墙外表面算起。 例：某住宅楼封闭式预制叠合式阳台挑出长度为 1000mm，阳台开间为 2400mm，封边高度 800mm，则预制阳台板编号为 YTB-D-1024-08
空调板	KTB-××-××× 预制空调板—— 预制空调板宽度（cm） 预制空调板挑出长度（cm） 预制空调板挑出长度从结构承重墙外表面算起。 例：某住宅楼预制空调板实际长度为 840mm，宽度为 1300mm，则预制空调板编号为 KTB-84-130

续表

预制构件类型	编　　号
女儿墙	NEQ-××-××××

预制女儿墙 ──── 预制女儿墙高度（dm）

预制女儿墙类型：J1、J2、Q1、Q2 ──── 预制女儿墙长度（dm）

1. 预制女儿墙类型：J1 型代表夹心保温式女儿墙（直板）；J2 型代表夹心保温式女儿墙（转角板）；Q1 型代表非保温式女儿墙（直板）；Q2 型代表非保温式女儿墙（转角板）。
2. 预制女儿墙高度从屋顶结构层标高算起，600mm 高表示为 06，1400mm 高表示为 14。

例：某住宅楼女儿墙采用夹心保温式女儿墙，其高度为 1400mm，长度为 3600mm，则预制女儿墙编号为 NEQ-J1-3614

3）预制阳台板、空调板及女儿墙平面布置图注写内容

预制阳台板、空调板及女儿墙平面布置图注写内容：①预制构件编号；②各预制构件的平面尺寸、定位尺寸；③预留洞口尺寸及相对于构件本身的定位（与标准件中留洞位置一致时可不标）；④楼层结构标高；⑤预制钢筋混凝土阳台、空调板结构完成面与结构标高不同时的标高高差；⑥预制女儿墙厚度、定位尺寸、女儿墙顶标高。

标准预制阳台板、空调板、女儿墙平面注写示例如图 3-10～图 3-12 所示。

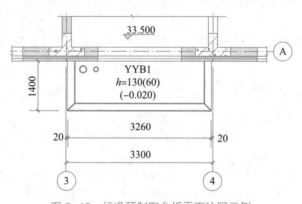

图 3-10　标准预制阳台板平面注写示例

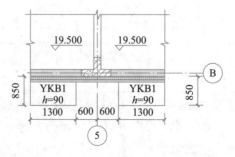

图 3-11　标准预制空调板平面注写示例

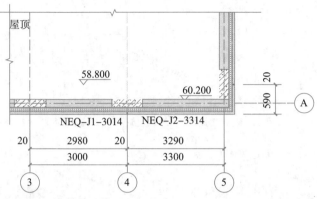

图 3-12　标准预制女儿墙平面注写示例

4）构件表的主要内容

预制阳台板、空调板表的主要内容包括：①预制构件编号。②选用标准图集的构件编号。自行设计构件可不写。③板厚（mm），叠合式还需注写预制底板厚度，表示方法为 ×××（××）。如 130（60），表示叠合板厚为 130mm，底板厚度为 50mm。④构件质量。⑤构件数量。⑥所在层号。⑦构件详图页码。选用标准图集构件注写所在图集号和相应页码；自行设计构件注写施工图图号。⑧备注中可标明该预制构件是"标准构件"或"自行设计"。预制阳合板、空调板表示例见表 3-10。

表 3-10　预制阳合板、空调板表示例

平面图中编号	选用构件	板厚 h/mm	构件质量 /t	数量	所在层号	构件详图页码（图号）	备注
YYB1	YTB-D-1224-4	130（60）	0.97	51	4~20	15G368-1	标准构件
YKB1	—	90	1.59	17	4~20	结施 -38	自行设计

预制女儿墙表的主要内容包括：①平面图中的编号。②选用标准图集中的构件的编号，自行设计构件可不写。③所在层号和轴线号，轴号标注方法与外墙板相同。④内叶墙厚。⑤构件质量。⑥构件数量。⑦构件详图页码。选用标准图集构件需注写所在图集号和相应页码；自行设计构件须注写施工图图号。⑧如果女儿墙内叶墙板与标准图集中的一致，外叶墙板有区别，可对外叶墙板调整后选用，调整参数（a、b）如图 3-13 所示。⑨备注中还可标明该预制构件是"标准构件""调整选用"或"自行设计"。超过层高一半的预制女儿墙可参照预制混凝土外墙板表示方法执行。预制女儿墙表示例如表 3-11 所示。

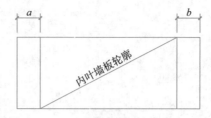

图 3-13　女儿墙外叶墙板调整选用参数示意图

表 3-11　预制女儿墙表示例

平面图中编号	选用构件	外叶墙板调整	所在层号	所在轴号	墙厚（内叶墙）/mm	构件质量 /t	数量	构件详图页码（图号）
YNEQ2	NEQ-J2-3614		屋面 1	①～②/Ⓑ	160	2.44	1	15G368-1 D08～D11
YNEQ5	NEQ-J1-3914	$a=190$ $b=230$	屋面 1	②～③/Ⓒ	160	2.90	1	15G368-1 D04, D05
YNEQ6			屋面 1	③～⑤/Ⓙ	160	3.70	1	结施 -74

5. 构件详图

装配式混凝土结构中的构件分为两种，一种是选自标准图集的标准构件，另一种是自行设计非标准构件。但不论哪一种，都必须有构件详图，只是标准构件的详图直接查阅标准图集，而非标准构件的详图需要设计单位自行设计罢了。构件详图一般包括模板图和配筋图。

图 3-14 为楼梯构件详图示例。

3.2.5　装配式混凝土框架结构施工图

装配式混凝土框架结构叠合楼盖、楼梯、预制阳台板、空调板、女儿墙施工图与装配式混凝土剪力墙结构基本相同，下面介绍柱（预制柱）、梁（叠合梁）、外墙挂板施工图。

1. 框架柱平法施工图

装配式混凝土框架底层柱一般为现浇，二层以上全部或部分采用预制混凝土柱（简称预制柱）。框架柱的表达包括按标准层绘制柱平法施工图和构件深化设计图纸。

柱平法施工图的表示方法与《混凝土结构施工图平面整体表示方法制图规则和构造详图（现浇混凝土框架、剪力墙、梁、板）》（22G101-1）的"柱平法施工图的表示方法"相同。但为了区分现浇柱和预制柱，应采用不同的图例。

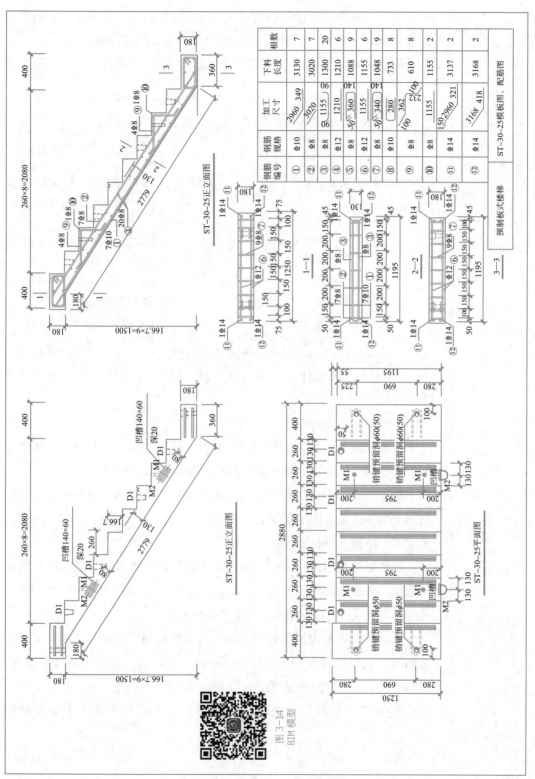

图 3-14　双跑楼梯构件详图示例

深化设计图纸包括分标准层绘制预制柱平面布置图和预制柱详图。预制柱平面布置图应绘制出所有柱，并进行定位，标注编号。相同的预制柱采用同一编号。编号时，应对预制柱的每一段进行编号。

预制柱的编号由柱代号、序号组成，如表 3-12 所示。

表 3-12　装配式混凝土框架结构构件编号

构件名称		代　号	序号	示　　例
预制框架柱	预制框架柱	YKZ（PCZ、PCKZ）	××	YKZ1: 表示预制框架柱，序号为 1； PCZ1: 表示 PC 柱，序号为 1； PCKZ1: 表示 PC 框架柱、序号为 1
预制叠合梁	预制叠合楼面框架梁	DKL	××	DKL1: 表示预制叠合楼面框架梁，序号为 1
	预制叠合非框架梁	DL	××	DL1: 表示预制叠合非框架梁，序号为 1
	预制叠合屋面框架梁	DWKL	××	DWKL1: 表示预制叠合屋面框架梁，序号为 1

图 3-15 为预制柱平法施工图示例，图 3-16 为预制柱平面布置图示例。

2. 框架梁平法施工图

装配式混凝土框架结构中的框架梁全部或部分采用叠合梁。框架梁的表达包括按标准层绘制的梁平法施工图和深化设计图纸。

梁平法施工图的表示方法与《混凝土结构施工图平面整体表示方法制图规则和构造详图（现浇混凝土框架、剪力墙、梁、板）》（22G101-1）的"梁平法施工图的表示方法"相同。

现浇梁的编号同《混凝土结构施工图平面整体表示方法制图规则和构造详图（现浇混凝土框架、剪力墙、梁、板）》（22G101-1），预制叠合梁编号由梁代号、序号组成，如表 3-12 所示。

深化设计图纸包括预制梁平面布置图和预制梁详图。预制梁平面布置图应绘制出全部预制梁，并进行平面定位，给出每段预制梁的编号，相同的预制梁采用同一编号。

图 3-17 为预制梁平法施工图示例，图 3-18 为预制梁平面布置图示例。

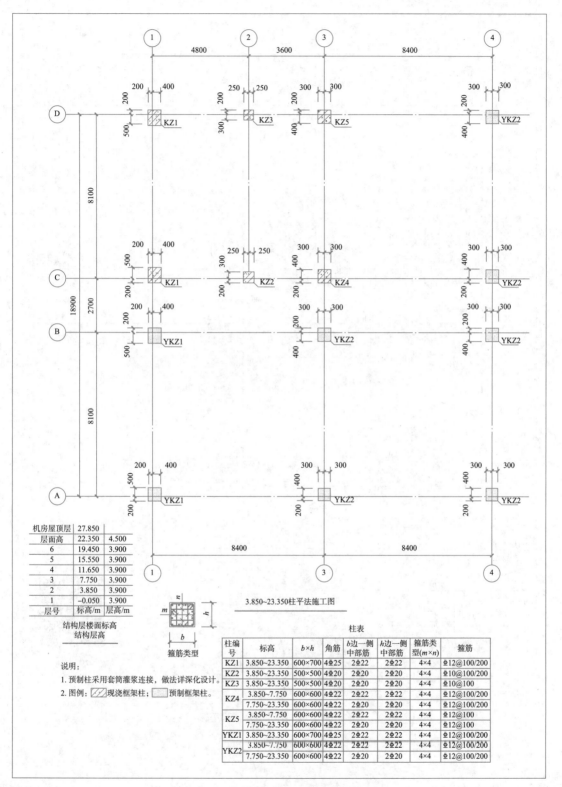

说明：
1. 预制柱采用套筒灌浆连接，做法详深化设计。
2. 图例：▨ 现浇框架柱；▩ 预制框架柱。

3.850~23.350柱平法施工图

柱表

柱编号	标高	$b×h$	角筋	b边一侧中部筋	h边一侧中部筋	箍筋类型$(m×n)$	箍筋
KZ1	3.850~23.350	600×700	4Φ25	2Φ22	2Φ22	4×4	Φ12@100/200
KZ2	3.850~23.350	500×500	4Φ20	2Φ20	2Φ20	4×4	Φ10@100/200
KZ3	3.850~23.350	500×500	4Φ20	2Φ20	2Φ20	4×4	Φ10@100
KZ4	3.850~7.750	600×600	4Φ22	2Φ22	2Φ22	4×4	Φ12@100/200
KZ5	7.750~23.350	600×600	4Φ22	2Φ22	2Φ22	4×4	Φ12@100/200
	3.850~7.750	600×600	4Φ22	2Φ22	2Φ22	4×4	Φ12@100
	7.750~23.350	600×600	4Φ20	2Φ20	2Φ20	4×4	Φ12@100
YKZ1	3.850~23.350	600×700	4Φ25	2Φ22	2Φ22	4×4	Φ12@100/200
YKZ2	3.850~7.750	600×600	4Φ22	2Φ22	2Φ22	4×4	Φ12@100/200
	7.750~23.350	600×600	4Φ22	2Φ20	2Φ20	4×4	Φ12@100/200

结构层楼面标高
结构层高

机房屋顶层	27.850	
层面高	22.350	4.500
6	19.450	3.900
5	15.550	3.900
4	11.650	3.900
3	7.750	3.900
2	3.850	3.900
1	−0.050	3.900
层号	标高/m	层高/m

图 3-15　预制柱平法施工图示例

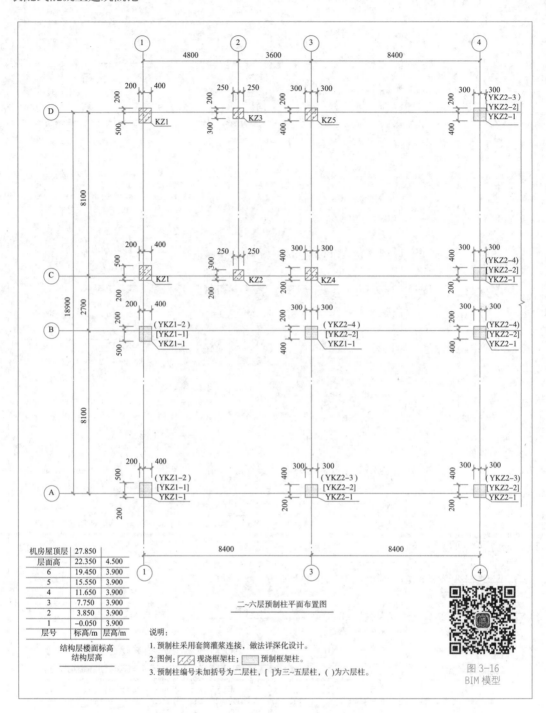

机房屋顶层	27.850	
层面高	22.350	4.500
6	19.450	3.900
5	15.550	3.900
4	11.650	3.900
3	7.750	3.900
2	3.850	3.900
1	−0.050	3.900
层号	标高/m	层高/m

结构层楼面面标高
结构层层高

二～六层预制柱平面布置图

说明:
1. 预制柱采用套筒灌浆连接,做法详深化设计。
2. 图例: ▨ 现浇框架柱; ▢ 预制框架柱。
3. 预制柱编号未加括号为二层柱, [ ]为三～五层柱, ( )为六层柱。

图 3-16
BIM 模型

图 3-16 预制柱平面布置图示例

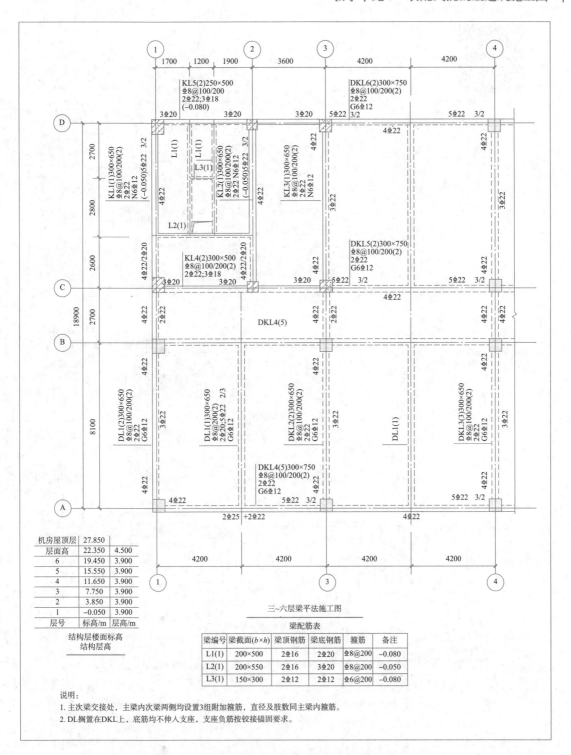

三~六层梁平法施工图

结构层楼面标高
结构层高

机房屋顶层	27.850	
层面高	22.350	4.500
6	19.450	3.900
5	15.550	3.900
4	11.650	3.900
3	7.750	3.900
2	3.850	3.900
1	-0.050	3.900
层号	标高/m	层高/m

梁配筋表

梁编号	梁截面($b×h$)	梁顶钢筋	梁底钢筋	箍筋	备注
L1(1)	200×500	2Φ16	2Φ20	Φ8@200	-0.080
L2(1)	200×550	2Φ16	3Φ20	Φ8@200	-0.050
L3(1)	150×300	2Φ12	2Φ12	Φ6@200	-0.080

说明:

1. 主次梁交接处,主梁内次梁两侧均设置3组附加箍筋,直径及肢数同主梁内箍筋。

2. DL搁置在DKL上,底筋均不伸入支座,支座负筋按铰接锚固要求。

图 3-17 预制梁平法施工图示例

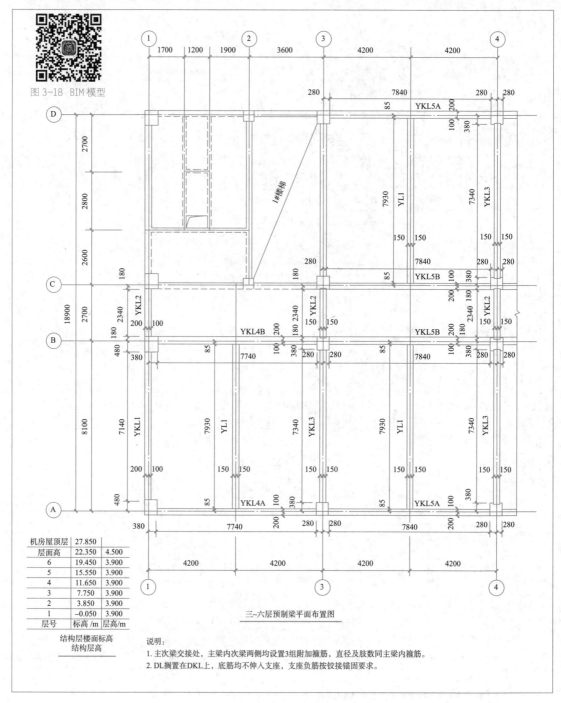

图 3-18 BIM 模型

机房屋顶层	27.850	
层面高	22.350	4.500
6	19.450	3.900
5	15.550	3.900
4	11.650	3.900
3	7.750	3.900
2	3.850	3.900
1	−0.050	3.900
层号	标高 /m	层高 /m

结构层楼面标高
结构层高

三~六层预制梁平面布置图

说明:
1. 主次梁交接处,主梁内次梁两侧均设置3组附加箍筋,直径及肢数同主梁内箍筋。
2. DL搁置在DKL上,底筋均不伸入支座,支座负筋按铰接锚固要求。

图 3-18 预制梁平面布置图示例

3. 预制外墙挂板施工图

预制外墙挂板的表达包括按标准层绘制的外墙挂板平面布置图与外墙挂板详图。外墙挂板平面布置图应绘出柱、梁和外墙挂板,并对外墙挂板进行定位和编号,如图3-19所示。外墙挂板详图包括模板图与配筋图,其表达方式已在制图课中讲述，此处略。

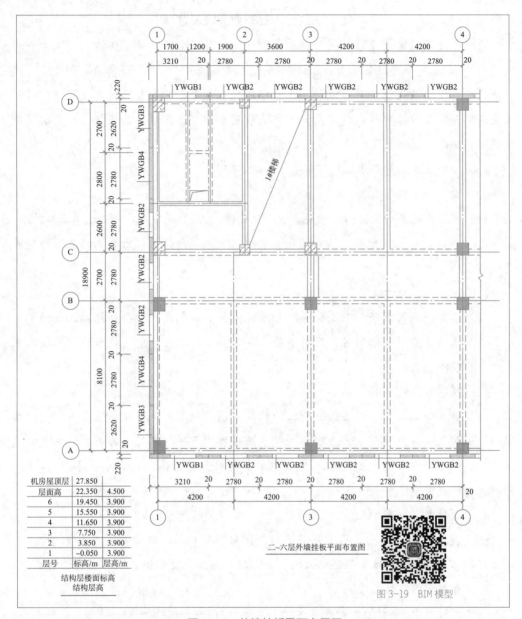

图 3-19　外墙挂板平面布置图

3.2.6　装配整体式框架—现浇剪力墙结构施工图

　　装配整体式框架—现浇剪力墙结构施工图中，框架柱、框架梁的表达方法与装配式混凝土框架结构相同，现浇剪力墙按《混凝土结构施工图平面整体表示方法制图规则和构造详图（现浇混凝土框架、剪力墙、梁、板）》（22G101-1）执行。

扩展阅读

建筑业从业人员职业道德规范

为进一步加强建筑业社会主义精神文明建设,提高全行业的整体素质,树立良好的行业形象,原建设部建筑业司、建设部精神文明建设办公室于1997年9月印发了《建筑业从业人员职业道德规范(试行)》,包括建筑业监督管理人员职业道德规范、建筑业企业职工职业道德规范、建筑业职工文明守则3部分。其中,工程技术人员职业道德规范、施工作业人员职业道德规范如下。

一、工程技术人员职业道德规范

1. 热爱科技,献身事业

树立"科技是第一生产力"的观念,敬业爱岗,勤奋钻研,追求新知,掌握新技术、新工艺,不断更新业务知识,拓宽视野。忠于职守,辛勤劳动,为企业的振兴与发展贡献自己的才智。

2. 深入实际,勇于攻关

深入基层,深入现场,理论和实际相结合,科研和生产相结合,把施工生产中的难点作为工作重点,知难而进,百折不挠,不断解决施工生产中的技术难题,提高生产效率和经济效益。

3. 一丝不苟,精益求精

牢固确立精心工作、求实认真的工作作风。施工中严格执行建筑技术规范,认真编制施工组织设计,做到技术上精益求精,工程质量上一丝不苟,为用户提供合格建筑产品。积极推广和运用新技术、新工艺、新材料、新设备,大力发展建筑高科技,不断提高建筑科学技术水平。

4. 以身作则,培育新人

谦虚谨慎,尊重他人,善于合作共事,搞好团结协作,既当好科学技术带头人,又甘当铺路石,培育科技事业的接班人,大力做好施工科技知识在职工中的普及工作。

5. 严谨求实,坚持真理

培养严谨求实、坚持真理的优良品德。在参与可行性研究时,坚持真理,实事求是,协助领导进行科学决策;在参与投标时,从企业实际出发,以合理造价和合理工期进行投标;在施工中,严格执行施工程序、技术规范、操作规程和质量安全标准,决不弄虚作假,欺上瞒下。

二、施工作业人员职业道德规范

1. 苦练硬功,扎实工作

刻苦钻研技术,熟练掌握本工种的基本技能,努力学习和运用先进的施工方法,练就过硬本领，立志岗位成才。热爱本职工作，不怕苦、不怕累，认认真真，精心操作。

2.精心施工，确保质量

严格按照设计图纸和技术规范操作，坚持自检、互检、交接检查制度，确保工程质量。

3.安全生产，文明施工

树立安全生产意识，严格执行安全操作规程，杜绝一切违章作业现象，维护施工现场整洁，不乱倒垃圾，做到工完场清。

4.遵章守纪，维护公德

争做文明职工，不断提高文化素质和道德修养，遵守各项规章制度，发扬劳动者的主人翁精神，维护国家利益和集体荣誉，服从上级领导和有关部门的管理，争做文明职工。

3.3 装配式混凝土建筑施工图识读

装配式建筑施工图可按专业分为建筑施工图、结构施工图、设备施工图，但整套施工图是一个整体。不管是建筑、结构还是设备施工图都是表达的同幢建筑，只是角度不同。因此，在识读装配式建筑施工图时，应该从上往下看、从左向右看、由外向里看、由大到小看、由粗到细看、图样与说明对照看、建施与结施图结合看、土建与安装结合看。

识图步骤如下。

1.识读图纸目录

按照图纸目录检查各类图纸是否齐全，图纸编号与图名是否对应，图纸共有多少张等，对这套图纸的建筑建立初步的了解。

对装配式建筑，大量采用标准图集中已有构件，因此需了解本套施工图采用了哪些标准图集，了解这些标准图集所属类别、编号及编制单位等，收集好被采用标准图集，以便识读时可以随时查看。我国编制的标准图集，按其编制的单位和适用范围的情况可分为 3 类：经国家批准的标准图集，供全国范围内使用；经各省、自治区、直辖市等地方批准的通用标准图集，供本地区使用；各设计单位编制的图集，供本单位设计的工程使用。全国通用的标准图集，通常采用代号"G"或"结"表示结构标准构件类图集，用"J"或"建"表示建筑标准配件类图集。标准图集的查阅方法见表 3-13。

表 3–13　标准图集查阅方法

步骤	查阅方法说明
1	根据施工图中注明的标准图集名称、编号及编制单位，查找相应的图集
2	阅读标准图集的总说明，了解编制该图集的设计依据，使用范围，施工要求及注意事项等
3	了解该图集编号和表示方法，一般标准图集都用代号表示，代号表明构件、配件的类别、规格及大小
4	根据图集目录及构件、配件代号在该图集内查找所需详图

2. 阅读设计总说明

了解建筑概况、技术要求等。了解是什么类型的建筑，是工业厂房还是民用建筑，是单层、多层还是高层建筑。然后看图纸，一般按目录的排列顺序逐张看图。

3. 阅读建筑总平面图

了解建筑物的地理位置、高程、坐标、朝向，以及与建筑相关的其他情况。若是一名施工技术人员，在看建筑总平面图时，应思考施工时如何进行施工平面布置，预制构件放置位置，吊装机械的选用，等等。

4. 阅读建筑平面图

了解房屋的长度、宽度、轴线尺寸、开间大小、布局等。装配式建筑中常通过减少预制构件种类来提高预制构件制作效率及降低建筑成本，因此，装配式建筑中会通过一系列标准化部品、模块的多样组合来满足不同空间的功能需求。

5. 阅读建筑立面图和剖面图

在了解建筑平面布置的基本情况后，再看立面图和剖面图，对整栋建筑有个初步总体印象，且在识图时，配合三维模型图在脑海中逐渐形成该建筑的立体形象，能想象出它的规模和轮廓。

6. 阅读结构设计说明

了解工程概况、设计依据、主要材料要求、标准图或通用图的使用、构造要求及施工注意事项等，其中要特别注意阅读装配式结构专项说明。

7. 阅读基础平面图、详图与地质勘查资料

基础平面图应与建筑底层平面图结合起来看。装配式建筑所用基础与现浇混凝土结构相同，可采用现浇混凝土独立基础、条形基础等形式，也可采用预制混凝土桩基础等。

8. 阅读平面布置图

根据对应的建筑平面图校对柱的布置是否合理，柱网尺寸、柱断面尺寸与轴线的关系尺寸是否有误。与建筑施工图配合，需在识读时明确

各柱的编号、数量和位置，根据各柱的编号，查阅图中截面标注或柱表，明确柱的标高、截面尺寸、配筋情况。再根据抗震等级、设计要求和标准构造详图确定纵向钢筋和箍筋的构造要求，如纵向钢筋连接的方式、位置及搭接长度、弯折要求，箍筋加密区的范围等。

9. 阅读梁平面布置图

了解各预制梁、现浇梁及叠合梁的编号、尺寸、数量及位置，查阅图中截面标注或梁表，明确梁的标高、截面尺寸、配筋等情况。

10. 阅读剪力墙平面布置图

了解各预制剪力墙身、现浇剪力墙身、剪力墙梁、后浇段的编号及平面位置，校核轴线编号及其间距尺寸，要求必须与建施图、基础平面图保持一致。与建施图配合，明确各段剪力墙的后浇段编号、数量及位置、墙身的编号和长度、洞口的定位尺寸。根据各段剪力墙身的编号，查阅剪力墙身表或图中标注，明确剪力墙身的厚度、标高和配筋情况。再根据抗震等级、设计要求和标准构造详图确定水平分布筋、竖向分布筋和拉筋的构造要求，如箍筋加密区的范围、纵向钢筋连接的方式、位置和搭接长度、弯折要求、柱头锚固要求等。

11. 阅读标准图集

在阅读结构施工图时，若涉及标准图集，应详细阅读相应的标准图集。

—— 读书笔记 ——

课后练习题

1. 装配式建筑施工图由哪些专业（工种）的图样组成？

2. 装配式混凝土结构施工图的表示方法是什么？

3. 装配式结构专项说明包含哪些内容？

4. 装配式混凝土剪力墙结构施工图如何表示？

5. 装配式混凝土框架结构施工图如何表示？

6. 装配整体式框架—现浇剪力墙结构施工图如何表示？

7. 以书中所附装配式混凝土建筑施工图为载体，训练装配式混凝土建筑施工图识读能力。

8. 简述"照图施工"的含义和重要性。

教学单元 4 装配式混凝土构件生产

📖 **知识图谱**

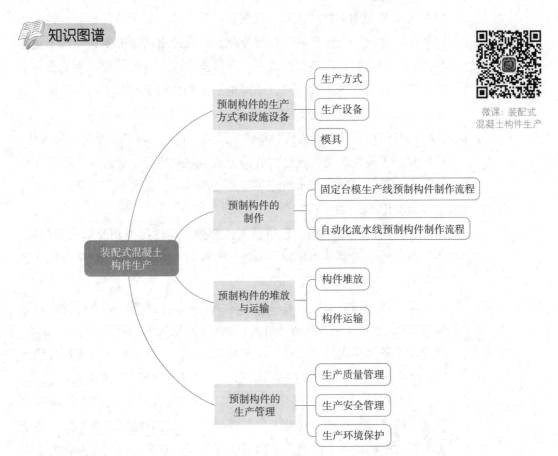

微课：装配式
混凝土构件生产

📖 **学习目标**

🔖 知识能力目标

（1）了解预制构件的生产方式和设施设备。

（2）理解固定台模生产线、自动化流水线预制构件制作流程。

（3）理解预制构件的堆放与运输要求。

（4）理解预制构件的生产质量管理、生产安全管理、生产环境保护要求。

📖 课程思政目标

深刻领会预制构件生产各环节对结构质量的影响，不断强化工匠精神并养成认真负责的职业习惯。

4.1 预制构件的生产方式和设施设备

4.1.1 生产方式

装配式混凝土预制构件的生产可以说是建筑的工业化，与现浇混凝土结构相比，构件生产的可控制环节增加了，通过合理的生产管理，可以显著提高预制构件的质量。预制构件厂（场）施工条件稳定，施工程序规范，比现浇构件更易于保证质量；利用流水线能够实现成批工业化生产，节约材料，提高生产效率，降低施工成本；可以提前为工程施工做准备，通过现场吊装，可以缩短施工工期，减少材料消耗，减少作业工人数量，减少建筑垃圾和扬尘污染。

预制构件厂的生产流程，总体来说是对传统现浇施工工艺的标准化、模块化的工业化改造，通过构件拆分成模块化构件，通过蒸汽养护加快混凝土的凝结，通过流水线施工提高生产效率，最终实现质量稳定性较高的预制化产品构件。

装配式混凝土结构中采用预制的部位、构件的类别及形状因结构、施工方法的不同而各不相同。因此，工程施工方必须选择最适合设计条件或施工条件的构件制造工厂。

预制构件制造工厂应有与装配式预制构件生产规模和生产特点相适应的场地、生产工艺及设备等资源，并优先采用先进、高效的技术与设备。设施与设备操作人员必须进行专业技术培训，熟悉所使用设施设备的性能、结构和技术规范，掌握操作方法、安全技术规程和保养方法。

预制构件制造工厂可分为固定工厂和移动工厂。固定工厂即在某一地点持续进行生产，移动工厂可根据需要设置在施工现场附近，可用大型机械把构件从生产地点或附近的存放地点直接吊装到建筑物的指定位置。

不管采用何种方式，生产预制混凝土构件的工厂必须能够满足设计和施工上的质量要求，并具有相应的生产和质量管理能力。且在进行设施布置时，应做到整体优化、充分利用场地和空间，减少场内材料及构配件的搬运调配，降低物流成本。图 4-1 和图 4-2 分别为固定工厂和移动工厂。

图 4-1　固定工厂

图 4-2　移动工厂

4.1.2　生产设备

预制构件生产线按生产内容（构件类型）可分为外墙板生产线，内墙板生产线，叠合板生产线，预应力叠合板生产线，梁、柱、楼梯、阳台生产线。

预制构件生产线按流水生产类型（模台和作业设备关系）可分为环形流水生产线、固定生产线（包含长线台座和固定台座）、柔性生产线。

扩展阅读

混凝土预制构件生产设备的发展

现代意义上的工业化混凝土预制构件生产在半个世纪前才得到真正发展。20 世纪 60 年代到 70 年代，随着生活水平的提高，人们对住宅舒适度的要求也不断提高，专业工人的短缺进一步促进了建筑构件的机械化生产，通过借鉴其他工业产品生产线的生产模式，欧洲的一些制造业强国开始采用工业化生产的方式来生产混凝土预制构件，芬兰、德国、意大利、西班牙等国出现了专门生产制造预制构件流水线设备的企业，纷纷用机械替代人工，对于提高构件的质量和生产效率、提高劳动生产率起到了很好的作用。

经过 60 年左右的发展，国外发达国家混凝土预制构件的生产方式由传统的手工支模、布料、刮平，发展到高智能、全自动一体化生产，因此混凝土预制构件装备也较为齐全、先进。作为建筑工业化最早的倡导者的诞生地，德国在装配式建筑发展道路中的关键性作用和杰出表现一直吸引着世人的目光，一批国际领先的专业装备制造公司应运而生。

与国外相比，我国的预制构件装备制造企业起步较晚，特别是长期以来建筑业施工以现浇为主，预制构件行业一直处于低迷状态，制约了我国建筑预制构件装备业的发展。预制混凝土成套设备的生产企业比较少，近十年国家启动高铁建设促进了这一行业的发展，部分企业开始自主研发，着手预制构件成套装备研发和制造。

1. 环形流水生产线

环形流水生产线一般采用水平循环流水方式，采用封闭的、连续的、按节拍生产的工艺流程，可生产外墙板、内墙板和叠合板等板类构件，采用环形流水作业的循环模式，经布料机把混凝土浇筑在模具内，振动台振捣后集中进行养护，使构件强度满足设计强度，再进行拆模处理，拆模后的混凝土预制构件通过成品运输车运输至堆场，而空模台沿输送线自动返回，形成环形流水作业的循环模式。

环形生产线按照混凝土预制构件的生产流程进行布置，生产工艺主要由以下部分构成：清理作业、喷油作业、安装钢筋笼、固定调整边模、预埋件安装、浇筑混凝土、振捣、面层刮平作业（或面层拉毛作业）、预养护、面层抹光作业、码垛、养护、拆模作业、翻转作业等。

典型的混凝土预制构件环形生产线布置如图4-3所示。其主要包含以下设备：模台清理机、脱模剂喷涂机、混凝土布料机、振动台、预养护窑、面层赶平机、拉毛装置、抹光机、立体养护窑、翻转机、摆渡车、支撑装置、驱动装置、钢筋运输、构件运输车等。

图4-3 环形生产线布置

环形生产线根据生产构件类型的不同，在工位布置上会有一定的变化，但其整体思路不变，都是一种封闭的连续的环形的布置。

2. 固定生产线

固定生产线又可分为长线台座生产线和固定台座生产线，均采用模台固定、作业设备移动的生产方式进行布置。长线台座生产线是指所有的生产模台通过机械方式进行连接，形成通长的模台，图 4-4 是一种典型的长线台座生产线布置。固定台座生产线则是指所有的生产模台按一定距离进行布置，每张模台均独立作业。

图 4-4　长线台座生产线布置

目前，长线台座生产线主要用于各种预应力楼板的生产，固定台座生产线主要用于生产截面高度超过环形生产线最大允许高度、尺寸过大、工艺复杂、批量较小的不适合循环流水的异形构件。

固定生产线因采用模台固定、作业设备移动的布置方式，无法像环形生产线一样大面积地布置作业设备，故该类型的生产线大多采用作业功能集成的综合一体化作业设备，如移动式布料振捣一体机、移动式面层处理一体机、移动式振平拉毛覆膜一体机、移动式清理喷涂一体机、移动式翻转机等。

3. 柔性生产线

柔性生产线是一种混凝土预制构件生产线，将人工加工工位与设备加工工位区分开来，通过一台中央转运车来转运模台，因此，柔性生产线又叫移动台模生产线，如图 4-5 所示。其综合了传统环形生产线和固定生产线各自的优势。柔性生产线相对传统的环形生产线，有以下特点。

（1）在混凝土预制构件的加工工艺中，人工装边模板、装钢筋、装预埋件、装保温层的工位用时很多，是生产线的瓶颈工位。环线中为了匹配节拍，需要增加人工工作的工位数，这就导致了生产线变长，对于空间长度不够的车间，只能延长节拍，减低产能来应对。

（2）在环线生产线中，模台在规定线路上运行，由于各工位需要时

图 4-5 柔性生产线

间不同，很容易出现"快等慢"的情况；或者由于其中一个模台出现故障需要暂停，全线都需要等待问题解决后才能继续运行，很容易窝工。移动台模生产线由于存在独立的工位，可以把慢模台或者故障模台转移到独立工位上，不影响其他模台的运行。

（3）在设备加工的工序中，仍然保留了流水线的特性，环形流水线的优势依然保留。内墙板、外墙板、叠合板均可以生产，调度灵活，可以适应各种生产形势。

移动台模生产线的基本思路是为了不影响流水线的生产节拍，将需人工作业、作业效率较低的某个工序从流水作业中分离出来，设置独立的工作区，该工序完成后可随时加入流水线中，不占用流水线的循环时间，保证整条流水线的生产节拍，需设备作业完成的工序仍保留流水作业的方式，不影响生产效率。

移动台模生产线的独立工作区和整条流水线类似于半成品分厂和总厂的关系，因此可根据场地的实际情况灵活布置，工艺设计的弹性更大，具有多种方式，对生产的构件类型适应性更强。

4.1.3 模具

模具应采用移动式或固定式钢底模，侧模宜采用型钢或铝合金型材，也可根据具体要求采用其他材料。模具设计应遵循用料轻量化、操作简便化、应用模块化的设计原则，并应根据预制构件的质量标准、生产工艺及技术要求、模具周转次数、通用性等相关条件确定模具设计和加工方案。

模板、模具及相关设施应具有足够的承载力、刚度和整体稳固性，并应满足预埋管线、预留孔洞、插筋、吊件、固定件等的定位要求。模具构造应满足钢筋入模、混凝土浇捣、养护和便于脱模等要求，以及便于清理和脱模剂的涂刷。模具堆放场地应平整坚实，并应有排水措施，避免模具变形及锈蚀。

4.2　预制构件的制作

　　预制构件制作前应进行深化设计，深化设计应包括以下内容：预制构件模板图、配筋图、预埋吊件及预埋件的细部构造图等；带饰面砖或饰面板构件的排砖图或排版图；复合保温墙板的连接件布置图及保温板排版图；构件加工图；预制构件脱模、翻转过程中混凝土强度，构件承载力，构件变形以及吊具、预埋吊件的承载力验算等。

　　设计变更须经原施工图设计单位审核批准后才能实施。构件制作方案应根据各种预制构件的制作特点进行编制。上道工序质量检测和检查结果不合格时，不得进行下道工序的生产。构件生产过程中应对原材料、半成品和成品等进行标识，并应对不合格品的标识、记录、评价、隔离和处置进行规范。

4.2.1　固定台模生产线预制构件制作流程

　　本小节将以预制夹心保温墙体为例，介绍固定台模生产线进行预制构件制作流程。夹心保温墙体制作流程如图 4-6 所示。

预制夹心保温
墙生产

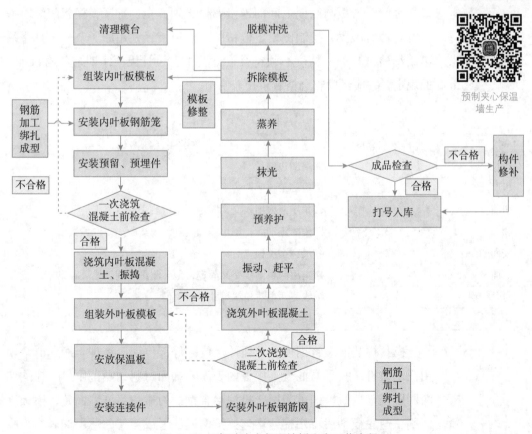

图 4-6　正打法夹心保温墙板生产工艺流程

1. 模具拼装

模具除应满足强度、刚度和整体稳固性要求外，还应满足预制构件预留孔、插筋、预埋吊件及其他预埋件的安装定位要求，模具拼装如图4-7所示。

图4-7 模具拼装

模具应安装牢固、尺寸准确、拼缝严密、不漏浆。模板拼装就位时，首先要保证底模表面平整度，以保证构件表面平整度符合规定。模板与模板之间，帮板与底模之间的连接螺栓必须齐全、拧紧，模板组装时应注意将销钉敲紧，控制侧模定位精度。模板接缝处用原子灰嵌塞抹平后再用细砂纸打磨。精度必须符合设计要求，设计无要求时应符合表4-1的规定，并应经验收合格后再投入使用。

表4-1 模具拼装允许偏差

测定部位	允许偏差 / mm	检 验 方 法
边长	±2	倒尺四边测量
板厚	±1	倒尺测量，取两边平均值
扭曲	2	四角用两根细线交叉固定，钢尺测中心点高度
翘曲	3	四角固定细线，钢尺测细线到钢模边距离，取最大值
表面凹凸	2	靠尺和塞尺检查
弯曲	2	四角用两根细线交叉固定，钢尺测细线到钢模边距离
对角线误差	2	细线测两根对角线尺寸，取差值
预埋件	±2	钢尺检查

模具拼装前应将钢模和预埋件定位架等部位彻底清理干净，严禁使用锤子敲打。模具与混凝土接触的表面除饰面材料铺贴范围外，应均匀涂刷脱模剂。脱模剂可采用柴机油混合型。为避免污染墙面砖，模板表面刷一遍脱模剂后再用棉纱均匀擦拭两遍，形成均匀的薄层油膜，见亮不见油，注意尽量避开放置橡胶垫块处，该部位可先用胶带纸遮住。在

选择脱模剂时尽量选择隔离效果较好、能确保构件在脱模起吊时不发生黏结损坏现象，能保持板面整洁，易于清理，不影响墙面粉刷质量的脱模剂。

2. 饰面材料铺贴与涂装

面砖在入模铺设前，应先将单块面砖根据构件排砖图的要求分块制成面砖套件。套件的尺寸应根据构件饰面砖的大小、图案、颜色取一个或若干个单元组成，每块套件的长度不宜大于 600mm，宽度不宜大于 300mm。

面砖套件应在定型的套件模具中制作。面砖套件的图案、排列、色泽和尺寸应符合设计要求。面砖铺贴时先在底模上弹出面砖缝中线，然后铺设面砖，为保证接缝间隙满足设计要求，应根据面砖深化图进行排版。面砖定位后，在砖缝内采用胶条粘贴，保证砖缝满足排版图及设计要求。面砖套件的薄膜粘贴不得有折皱，不应伸出面砖，端头应平齐。嵌缝条和薄膜粘贴后应采用专用工具沿接缝将嵌缝条压实。

石材在入模铺设前，应核对石材尺寸，并提前 24h 在石材背面安装锚固拉钩和涂刷防泛碱处理剂。面砖套件、石材铺贴前应清理模具，并在模具上设置安装控制线，按控制线固定和校正铺贴位置，可采用双面胶带或硅胶按预制加工图分类编号铺贴，如图 4-8 所示。石材和面砖等饰面材料与混凝土的连接应牢固。石材等饰面材料与混凝土之间连接件的结构、数量、位置和防腐处理应符合设计要求。满粘法施工的石材和面砖等饰面材料与混凝土之间应无空鼓。

图 4-8　面砖装饰面层铺贴

石材和面砖等饰面材料铺设后表面应平整，接缝应顺直，接缝的宽度和深度应符合设计要求。面砖、石材需要更换时，应采用专用修补材料，对嵌缝进行修整，使墙板嵌缝的外观质量一致。

外墙板面砖、石材粘贴的允许偏差见表 4-2。

表 4-2 外墙板面砖、石材粘贴允许偏差

项次	项　目	允许偏差/mm	检 验 方 法
1	表现平整度	2	2m 靠尺和塞尺检查
2	阳角方正	2	2m 靠尺检查
3	上口平直	2	拉线，钢直尺检查
4	接缝平直	3	钢直尺和塞尺检查
5	接缝深度	1	
6	接缝宽度	1	钢直尺检查

涂料饰面的构件表面应平整、光滑，棱角、线槽应符合设计要求，大于 1mm 的气孔应进行填充修补，具体施工情况如图 4-9 和图 4-10 所示。

图 4-9　外饰面反打施工

图 4-10　外饰面室内贴装

3. 保温材料铺设

带保温材料的预制构件宜采用平模工艺成型，生产时应先浇筑外叶

混凝土层，再安装保温材料和连接件，最后成型内叶混凝土层，如图 4-11 所示。外叶混凝土层可采用平板振动器适当振捣。

图 4-11　铺设保温板

铺放加气混凝土保温块时，表面要平整，缝隙要均匀，严禁用碎块填塞。在常温下铺放时，铺前要浇水润湿，低温时铺后要喷水，冬季可干铺。泡沫聚苯乙烯保温条，事先要按设计尺寸裁剪。排放板缝部位的泡沫聚苯乙烯保温条时，入模固定位置要准确，拼缝要严密，操作要有专人负责。

采用立模工艺生产时，应同步浇筑内外叶混凝土层，并采取可靠措施保证内外叶混凝土厚度、保温材料及连接件的位置准确。

4. 预埋件及预埋孔设置

预埋钢结构件、连接用钢材、连接用机械式接头部件和预留孔洞模具的数量、规格、位置、安装方式等应符合设计要求，固定措施可靠。预埋件应固定在模板或支架上，预留孔洞应采用孔同模具的方式并加以固定。预埋螺栓和铁件应采取固定措施保证其不偏移，对于套筒埋件应注意其定位。预埋件安装如图 4-12 所示。预埋件、预留孔和预留洞的安装位置的偏差应符合表 4-3 的规定。

图 4-12　预埋件安装

表 4-3 预埋件和预留孔洞的允许偏差和检验方法

项　　目		允许偏差 / mm	检 验 方 法
预埋钢板	中心线位置	5	钢尺检查
	安装平整度	2	靠尺和塞尺检查
预埋管、预留孔中心线位置		5	钢尺检查
插筋	中心线位置	5	钢尺检查
	外露长度	±8	钢尺检查
预埋吊环	中心线位	10	钢尺检查

5. 门窗框设置

门窗框在构件制作、驳运、堆放、安装过程中，应进行包裹或遮挡。预制构件的门窗框应在浇筑混凝土前预先放置于模具中，位置应符合设计要求，并应在模具上设置限位框或限位件进行可靠固定。门窗框的品种、规格、尺寸、相关物理性能和开启方向、型材壁厚和连接方式等应符合设计要求。门窗框安装位置应逐件检验，允许偏差应符合表 4-4 的规定。

表 4-4 门框和窗框安装允许偏差和检验方法

项　　目		允许偏差 / mm	检 验 方 法
锚固脚片	中心线位置	5	钢尺检查
	外露长度	5，0	钢尺检查
门窗框位置		± 1.5	钢尺检查
门窗框高、宽		+1.5	钢尺检查
门窗框对角线		+1.5	钢尺检查
门窗框的平整度		1.5	靠尺检查

6. 混凝土浇筑

在混凝土浇筑成型前应进行预制构件的隐蔽工程验收，符合有关标准规定和设计文件要求后方可浇筑混凝土。检查项目应包括：①模具各部位尺寸、定位可靠、拼缝等；②饰面材料铺设品种、质量；③纵向受力钢筋的品种、规格、数量、位置等；④钢筋的连接方式、接头位置、接头数量、接头面积百分率等；⑤箍筋、横向钢筋的品种、规格、数量、间距等；⑥预埋件及门窗框的规格、数量、位置等；⑦灌浆套筒、吊具、插筋及预留孔洞的规格、数量、位置等；⑧钢筋的混凝土保护层厚度。

混凝土放料高度应小于 500mm，并应均匀铺设，如图 4-13 所示。混凝土成型宜采用插入式振动棒振捣，逐排振捣密实，振动器不应碰触钢筋骨架、面砖和预埋件。

图 4-13　混凝土浇筑

混凝土浇筑应连续进行，同时应观察模具、门窗框、预埋件等的变形和移位，变形与移位超出表 4-2~ 表 4-4 规定的允许偏差时应及时采取补强和纠正措施。面层混凝土采用平板振动器振捣，振捣后即用 1 : 3 水泥砂浆找平，并用木尺杆刮平，待表面收水后再用木抹抹平压实。

配件、埋件、门框和窗框处混凝土应浇捣密实，其外露部分应有防污损措施。混凝土表面应及时用泥板抹平提浆，宜对混凝土表面进行二次抹面。预制构件与后浇混凝土的结合面或叠合面应按设计要求制成粗糙面，粗糙面可采用拉毛或凿毛处理方法，也可采用化学或其他物理处理方法。预制构件混凝土浇筑完毕后应及时养护。

7. 构件养护

预制构件的成型和养护宜在车间内进行，成型后蒸养可在生产模位上或养护窑内进行。预制构件采用自然养护时，应符合现行国家标准《混凝土结构工程施工规范》（ GB 50666—2011 ）、《混凝土结构工程施工质量验收规范》（ GB 50204—2015 ）的规定。

预制构件采用蒸汽养护时，宜采用自动蒸汽养护装置，并保证蒸汽管道通畅，养护区应无积水。蒸汽养护过程分静停、升温、恒温和降温 4 个阶段，并应符合下列规定：混凝土全部浇捣完毕后静停时间不宜少于 2h，升温速度不得大于 15℃/h，恒温时最高温度不宜超过 55℃，恒温时间不宜少于 3h，降温速度不宜大于 10℃/h。

8. 构件脱模

预制构件停止蒸汽养护后，预制构件表面与环境温度的温差不宜高于 20℃。应根据模具结构的特点按照拆模顺序拆除模具，严禁使用振动模具方式拆模。

预制构件脱模起吊，如图 4-14 所示，应符合下列规定：预制构件的起吊应在构件与模具间的连接部分完全拆除后进行；预制构件脱模时，同条件混凝土立方体抗压强度应根据设计要求或生产条件确定，且不应小于 $15N/mm^2$；预应力混凝土构件脱模时，同条件混凝土立方体抗压强度不宜小于混凝土强度等级设计值的 75%；预制构件吊点设置应满足平稳起吊的要求，宜设置 4~6 个吊点。

图 4-14 墙板脱模起吊

预制构件脱模后，应对预制构件进行整修，如图 4-15 所示，并应符合下列规定：在构件生产区域旁应设置专门的混凝土构件整修区域，对刚脱模的构件进行清理、质量检查和修补；对于各种类型的混凝土外观缺陷，构件生产单位应制订相应的修补方案，并配有相应的修补材料和工具；预制构件应在修补合格后再驳运至合格品堆放场地。

图 4-15 构件整修

9. 构件标识

构件应在脱模起吊至整修堆场或平台时进行标识，标识的内容应包括工程名称、产品名称、型号、编号、生产日期，构件待检查、修补合格后再标注合格章及工厂名。

标识应标注于工厂和施工现场堆放、安装时容易辨识的位置，可由构件生产厂和施工单位协商确定。标识的颜色和文字大小、顺序应统一，宜采用喷涂或印章方式制作标识。

4.2.2　自动化流水线预制构件制作流程

本节主要以双面叠合墙板为例，介绍自动化流水线进行预制构件制作的流程。

叠合板制作

1. 制作工艺流程

双面叠合墙板制作工艺流程如图 4-16 所示。

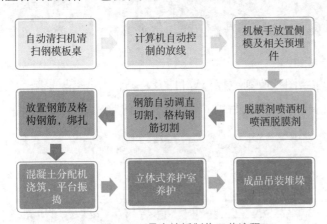

图 4-16　双面叠合墙板制作工艺流程

2. 流水线介绍

叠合楼板、叠合墙板等板式构件一般采用平整度很好的大平台钢模自动化流水作业的方式来生产，同其他工业产品流水线一样，工人固定岗位固定工序，流水线式的生产构件，人员数量需求少，主要靠机械设备的使用，效率大大提高。其主要流水作业环节为：①自动清扫机清扫钢模台；②计算机自动控制的放线；③钢平台上放置侧模及相关预埋件，如线盒、套管等；④脱模剂喷洒机喷洒脱膜剂；⑤钢筋自动调直切割，格构钢筋切割；⑥工人操作放置钢筋及格构钢筋，绑扎；⑦混凝土分配机浇筑，平台振捣（若为叠合墙板，此处多一道翻转工艺）；⑧立体式养护室养护；⑨成品吊装堆垛。

3. 主要生产工序

用过的钢模板通过清洁机器，板面上留下的残留物被处理干净，同时由专人检查板面清洁，如图 4-17 所示。

图 4-17　模具清理

全自动绘图仪收到主控计算机的数据后，在清洁的钢模板上自动绘出预制件的轮廓及预埋件的位置，如图 4-18 所示。

图 4-18　自动划线机划线

支完模板的钢模板将运行到下一个工位，刷油机在钢模板上均匀地喷洒一层脱模剂。在喷有脱模剂的钢模板上，按照生产详图放置带有塑料垫块支撑钢筋和所涉及的预埋件，机械手开始支模，如图 4-19 所示。

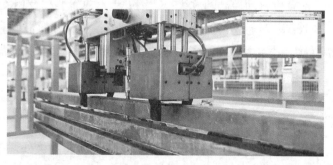

图 4-19　机械手支模

钢筋切割机根据计算机生产数据切割钢筋，并按照设计的间距在钢模板上的准确位置摆放纵向受力钢筋、横向受力钢筋及钢筋桁架，如图 4-20 所示。

图 4-20 钢筋摆放

工人按照生产量清单输入搅拌混凝土的用量指令，混凝土搅拌设备从料场按混凝土等级要求和配比自动以传送带提取定量的水泥、砂、石子及外加剂进行搅拌，并用斗车将搅拌好的混凝土输送到钢模上方的浇筑分配机，如图 4-21 所示。

图 4-21 混凝土浇筑

浇筑斗由人工控制按照用量进行浇筑，浇筑完毕后，启动钢模板下振动器进行振动密实，如图 4-22 所示。

图 4-22 振动器振动混凝土

振动密实的混凝土连同钢模板送入养护室,如图 4-23 所示,蒸汽养护 8h,可达到构件设计强度的 75%。养护完毕的成品预制件被送至厂区堆场,自然养护 1d 后即可直接送到工地进行吊装。预制构件翻板脱模如图 4-24 所示。

图 4-23 送入养护室养护

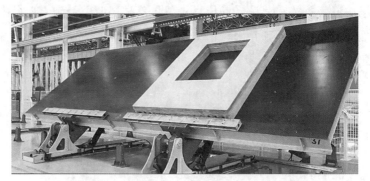

图 4-24 构件翻板脱模

4.3 预制构件的堆放与运输

4.3.1 构件堆放

预制构件的存放场地应平整、坚实,并设有良好的排水措施。预制构件在堆放时可选择多层平放、堆放架靠放等方式,不论采用何种堆放方式,均应保证最下层预制构件垫实,预埋吊件宜向上,标识宜朝外。成品应按合格区、待修区和不合格区分类堆放,并应进行标识。

1. 全预制外墙板堆放

全预制外墙板宜采用插放或靠放,堆放架应有足够的刚度,并应支垫稳固;构件采用靠放架立放时,应对称靠放,与地面的倾斜角度应大于 80°;并应将相邻堆放架连成整体。

连接止水条、高低口、墙体转角等薄弱部位,应采用定型保护垫块或专用式套件作加强保护。重叠堆放构件时，每层构件间的垫木或垫块应在同一垂直线上。堆垛层数应根据构件自身荷载、地坪、垫木或垫块的承载能力及堆垛的稳定性确定。预制构件应按照预埋吊件向上，标志向外码放；垫木或垫块在构件下的位置应与脱模、吊装时的起吊位置一致。

2. 双面叠合墙板堆放

双面叠合墙板可采用多层平放、堆放架靠放和插放，构件也应按成品保护的要求合理堆放，减少二次搬运的次数。

平放时每跺不宜超过 5 层，最下层墙板与地面不直接接触，应支垫两根与板宽相同的方木，层与层之间应垫平、垫实，各层垫木应在同一垂直线上。

采用插放或靠放时，堆放架应有足够的刚度，并应支垫稳固；对采用靠放架立放的构件，对称靠放与地面倾斜角度应大于 80°；应将相邻堆放架连成整体。墙体转角等薄弱部位，应采用定型保护垫块或专用式套件作加强保护。预制构件的水平堆放如图 4-25 所示，垂直堆放如图 4-26 所示。

图 4-25　构件水平堆放

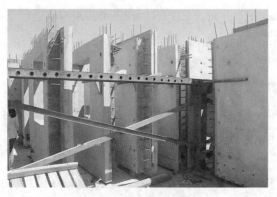

图 4-26　构件垂直堆放

4.3.2 构件运输

构件运输计划在预制结构施工方法中非常重要，所以要认真考虑搬运路径、使用车型、装车方式等。搬运构件用的卡车或拖车，要根据构件的大小、质量、搬运距离、道路状况等选择适当的车型。

成品运输时，必须使用专用吊具，应使每一根钢丝绳均匀受力。钢丝绳与成品的夹角不得小于45°，确保成品呈平稳状态，轻起慢放。

运输车应有专用垫木，垫木位置应符合图纸要求，如图4-27所示。运输轨道应在水平方向无障碍物，车速应平稳缓慢，不得使成品处于颠簸状态。运输过程中发生成品损伤时，必须退回车间返修，并重新检验。

图4-27 运输支垫

预制构件的运输车辆应满足构件尺寸和载重的要求，装车运输时应符合下列规定：①装卸构件时应考虑车体平衡；②运输时应采取绑扎固定措施，防止构件移动或倾倒；③运输竖向薄壁构件时应根据需要设置临时支架；④对构件边角部或与紧固装置接触处的混凝土，宜采用垫衬加以保护。

预制构件运输宜选用低平板车，且应有可靠的稳定构件措施。预制构件的运输应在混凝土强度达到设计强度的100%后进行。预制构件采用装箱方式运输时，箱内四周应采用木材、混凝土块作为支撑物，构件接触部位应用柔性垫片填实，支撑牢固。

构件运输应符合下列规定。

（1）运输道路须平整坚实，并有足够的宽度和转弯半径。

（2）根据吊装顺序组织运输，配套供应。

（3）用外挂（靠放）式运输车时，两侧质量应相等，装卸车时，重车架下部要进行支垫，防止倾斜。用插放式运输车采用压紧装置固定墙板时，要使墙板受力均匀，防止断裂。复合保温或形状特殊的墙板宜采用靠放架（图 4-28）、插放架（图 4-29）直立堆放，插放架、靠放架应有足够的强度和刚度，支垫应稳固，并宜采取直立运输方式。装卸外墙板时，所有门窗框必须扣紧，防止碰坏。

图 4-28　靠放架运输墙板

图 4-29　插放架运输墙板

（4）预制叠合楼板、预制阳台板、预制楼梯可采用平放运输，应正确选择支垫位置。

（5）预制构件运输时，不宜高速行驶，应根据路面好坏掌握行车速度，起步、停车要稳。夜间装卸和运输构件时，施工现场要有照明设施。

4.4　预制构件的生产管理

4.4.1　生产质量管理

构件厂生产的预制构件与传统现浇施工相比，具有作业条件好、不受季节和天气影响、作业人员相对稳定、机械化作业降低工人劳动强度等优势，因此构件质量更容易保证。传统现浇施工的构件尺寸误差为

5~20mm，预制构件的误差可以控制在 1~5mm，并且表面观感质量较好，能够节省大量的抹灰找平材料，减少原材料的浪费和工序。但预制构件作为一种工厂生产的半成品，质量要求非常高，没有返工的机会，一旦发生质量问题，可能比传统现浇造成的经济损失更大。

影响预制构件质量的因素很多。总体上来说，要想预制构件质量过硬，首先，要端正思想、转变观念，坚决摒弃"低价中标、以包代管"的传统思路，建立，起"优质优价、奖优罚劣"的制度和精细化管理的工程总承包模式；其次，应该尊重科学和市场规律，彻底改变传统建筑业中落后的管理方式方法，对内、对外都建立起"诚信为本、质量为王"的理念。

1. 人员素质对构件质量的影响

在大力推进装配式建筑的进程中，管理人员、技术人员和产业工人的缺乏成为重要的制约因素，甚至成为装配式建筑推进过程中的瓶颈问题。这个问题不但会影响预制构件的质量，还对生产效率、构件成本等方面产生了较大的影响。

预制构件厂属于"实业型"企业，需要有大额的固定资产投资，为了满足生产要求，需要大量的场地、厂房和工艺设备投入，硬件条件要求远高于传统现浇施工方式。同时还要拥有相对稳定的熟练产业工人队伍，各工序和操作环节之间相互配合才能达成默契，减少各种错漏碰缺的发生，以保证生产的连续性和质量的稳定性，只有经过人才和技术的沉淀，才能不断提升预制构件质量和经济效益。

产品质量是技术不断积累的结果，质量一流的预制构件厂，一定是拥有一流的技术和管理人才。从系统性角度进行分析，为了保证预制构件的质量稳定，首先应该是人才队伍的相对稳定。

2. 生产装备和材料对预制构件质量的影响

预制构件作为组成建筑的主要半成品，质量和精度要求远高于传统现浇施工。高精度的构件质量需要优良的模具和设备来制造，同时需要质量优良的原材料和各种特殊配件，这是保证构件质量的前提条件。离开这些条件，即使是再有经验的技术和管理人员以及一线工人，也难以生产出优质的构件，甚至会出现产品达不到质量标准的情况。

模具的好坏影响着构件质量，判断预制构件模具好坏的标准包括：精度好、刚度大、质量轻、方便拆装，以及售后服务好。模具质量不好，会造成生产效率低、构件质量差等一系列问题。

"原材料质量决定构件质量"的道理很浅显，原材料不合格肯定会造成产品质量缺陷。一些承重和受力的构件如果存在质量缺陷，将有可能在起吊运输环节产生安全问题；砂石原材料质量差，出问题后代价会很大。

3. 技术和管理对预制构件质量的影响

在预制构件的生产过程中，与传统现浇施工相比，需要掌握新技术、新材料、新产品、新工艺，进行生产工艺研究，并对工人进行必要的培训，还需协调外部力量参与生产质量管理，可以聘请外部专家和邀请供应商技术人员讲解相关知识，提高技术认识。

预制构件作为装配式建筑的半成品，一旦存在无法修复的质量缺陷，基本上没有返工的机会，构件的质量好坏对于后续的安装施工影响很大，构件质量不合格会产生连锁反应，因此生产管理也显得尤为重要。

生产管理可采取以下措施。

（1）应建立起质量管理制度，如 ISO 9000 系列的认证、企业的质量管理标准等，并严格落实到位、监督执行。在具体操作过程中，针对不同的订单产品，应根据构件生产特点制定相应的质量控制要点，明确每个操作岗位的质量检查程序、检查方法，并对工序之间的交接进行质量检查，以保证制度的合理性和可操作性。

（2）应指定专门的质量检查员，根据质量管理制度进行落实和监督，以防止质量管理流于形式，重点对原材料质量和性能、混凝土配合比、模具组合精度、钢筋及埋件位置、养护温度和时间、脱模强度等内容进行监督把控，检查各项质量检查记录。

（3）应对所有的技术人员、管理人员、操作工人进行质量管理培训，明确每个岗位的质量责任，在生产过程中严格执行工序之间的交接检查，由下道工序对上道工序的质量进行检查验收，形成全员参与质量管理的氛围。

要做好预制构件的质量管理，并不是简单地靠个别质检员的检查，而是要将"品质为王"的质量意识植入每一个员工的心里，让每一个人主动地按照技术和质量标准做好每一项工作，可以说，好的构件质量是"做"出来的，而不是"管"出来的，是大家共同努力的结果。

4. 工艺方法对预制构件质量的影响

制作预制构件的工艺方法有很多，同样的预制构件，在不同的预制构件厂可能会采用不同的生产制作方法，不同的工艺可能导致不同的质量水平，生产效率也大不相同。

以预制外墙为例，多数预制构件厂是采用卧式反打生产工艺，也就是室外的一侧贴着模板，室内一侧采用靠人工抹平的工艺方法，制作构件外侧平整光滑,但是内侧的预埋件很多就会影响生产效率,例如预埋螺栓、插座盒、套筒灌浆孔等会影响抹面操作,导致观感质量下降;如果采用正打工艺,把室内一侧朝下,用磁性固定装置把内侧埋件吸附在模台上,室外一侧基本没有预埋件,抹面找平时就很容易操作,甚至可以采用抹平机,这样做出来的构件内外两侧都会很平整,并且生产效率高。

预制构件厂应该配备专业的工艺工程师,对各种构件的生产方法进行研究和优化,为生产配备相应的设施和工具,简化工序,降低工人的劳动强度。总体来说,越简单的操作质量越有保证,越复杂的技术越难以掌握,质量也就越难保证。

4.4.2 生产安全管理

预制构件生产企业应建立健全安全生产组织机构、管理制度、设备安全操作规程和岗位操作规范。

从事预制构件生产设备操作的人员应取得相应的岗位证书。特殊工种作业人员必须经安全技术理论和操作技能考核合格,并取得建筑施工特殊作业人员操作资格证书,接受预制构件生产企业规定的上岗培训,并在培训合格后再上岗。预制构件制作厂区操作人员应配备合格劳动防护用品。

预制墙板用保温材料、砂石等材料进场后,应存放在专门场地,保温材料堆放场地应有防火防水措施。易燃、易爆物品应避免接触火种,单独存放在指定场所,并应进行防火、防盗管理。

吊运预制构件时,构件下方严禁站人。施工人员应待吊物降落至离地 1m 以内再靠近吊物。预制构件应在就位固定后再进行脱钩。用叉车、行车卸载时,非相关人员应与车辆、构件保持安全距离。

特种设备应在检查合格后再投入使用。沉淀池等临空位置应设置明显标志,并应进行围挡。车间应进行分区,并设立安全通道。原材料进出通道、调运路线、流水线运转方向内严禁人员随意走动。

4.4.3 生产环境保护

预制构件生产企业在生产构件时,应严格遵守国家的安全生产法规和环境保护法令,按照操作规程,自觉保护劳动者生命安全,保护自然生态环境,具体做到以下几点。

(1)在混凝土和构件生产区域采用收尘、除尘装备以及防止扬尘散布的设施。

（2）通过修补区、道路和堆场除尘等方式系统控制扬尘。

（3）针对混凝土废浆水、废混凝土和构件的回收利用措施。

（4）设置废弃物临时置放点，并应指定专人负责废弃物的分类、放置及管理工作。废弃物清运必须由合法的单位进行。有毒有害废弃物应利用密闭容器装存并及时处置。

（5）生产装备宜选用噪声小的装备，并应在混凝土生产、浇筑过程中采取降低噪声的措施。

—— 读书笔记 ——

课后练习题

1. 预制构件的生产方式有哪几种？预制构件生产线有哪几种？

2. 简述固定台模生产线预制构件制作流程。

3. 简述自动化流水线预制构件制作流程。

4. 简述预制构件的堆放与运输要求。

5. 简述预制构件的生产质量管理、生产安全管理、生产环境保护要点。

6. 查阅资料，归纳总结构件生产质量对装配式混凝土建筑质量的影响。

教学单元 5　装配式混凝土建筑施工技术

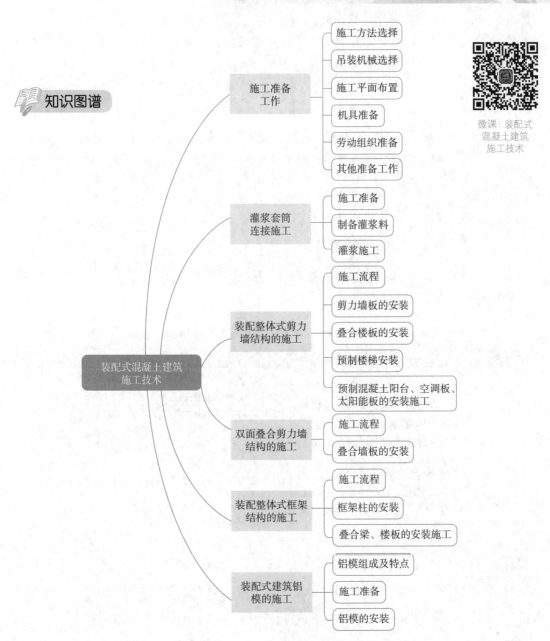

知识图谱

装配式混凝土建筑施工技术

- 施工准备工作
  - 施工方法选择
  - 吊装机械选择
  - 施工平面布置
  - 机具准备
  - 劳动组织准备
  - 其他准备工作

- 灌浆套筒连接施工
  - 施工准备
  - 制备灌浆料
  - 灌浆施工

- 装配整体式剪力墙结构的施工
  - 施工流程
  - 剪力墙板的安装
  - 叠合楼板的安装
  - 预制楼梯安装
  - 预制混凝土阳台、空调板、太阳能板的安装施工

- 双面叠合剪力墙结构的施工
  - 施工流程
  - 叠合墙板的安装

- 装配整体式框架结构的施工
  - 施工流程
  - 框架柱的安装
  - 叠合梁、楼板的安装施工

- 装配式建筑铝模的施工
  - 铝模组成及特点
  - 施工准备
  - 铝模的安装

微课：装配式混凝土建筑施工技术

学习目标

知识能力目标

（1）熟悉装配式混凝土建筑施工准备各项内容。

（2）掌握灌浆套筒连接施工工艺流程和方法。

（3）装配整体式剪力墙结构施工工艺流程和方法。

（4）掌握双面叠合剪力墙结构施工工艺流程和方法。

（5）掌握装配式建筑铝模的施工方法。

课程思政目标

培育和践行社会主义核心价值观，弘扬劳动光荣、技能宝贵、创造伟大的时代风尚。

预制装配式混凝土建筑在工地现场的施工安装核心工作主要包括3部分：构件的安装、连接和预埋以及现浇部分的工作，这3部分工作体现的质量和流程管控要点是预制装配式混凝土结构施工质量保证的关键。

5.1 施工准备工作

5.1.1 施工方法选择

装配式结构的安装方法主要有储存吊装法和直接吊装法两种，其特点如表5-1所示。

表5-1 装配式结构常见安装方法对比

名　称	说　明	特　点
储存吊装法	构件从生产场地按型号、数量配套，直接运往施工现场吊装机械工作半径范围内储存，然后进行安装，这是一般常用的方法	（1）有充分的时间做好安装前的施工准备工作，可以保证墙板安装连续进行； （2）墙板安装和墙板卸车可分日夜班进行，充分利用机械； （3）占用场地较多，需用较多的插放（或靠放）架
直接吊装法	又称原车吊装法，将墙板由生产场地按墙板安装顺序配套运往施工现场，从运输工具上直接往建筑物上安装	（1）可以减少构件的堆放设施，少占用场地； （2）要有严密的施工组织管理； （3）需要较多的墙板运输车

5.1.2 吊装机械选择

墙板安装采用的吊装机械主要有塔式起重机和履带式（或轮胎式）起重机，其主要特点如表5-2所示。

表 5–2　常用吊装机械

机 械 类 别	特　　点
塔式起重机	（1）起吊高度和工作半径较大； （2）驾驶室位置较高，司机视野宽广； （3）转移、安装和拆除较麻烦； （4）需敷设轨道
履带式（或轮胎式）起重机	（1）行驶和转移较方便； （2）起吊高度受到一定限制； （3）驾驶室位置低，就位、安装不够灵活

5.1.3　施工平面布置

根据工程项目的构件分布图，制订项目的安装方案，并合理选择吊装机械。构件临时堆场应尽可能地设置在吊机的辐射半径内，减少现场的二次搬运，同时构件临时堆场应平整坚实，有排水设施。规划临时堆场及运输道路时，如在车库顶板需对堆放全区域及运输道路进行加固处理。施工场地四周要设置循环道路，一般宽为 4~6m，路面要平整、坚实，两旁要设置排水沟。距建筑物周围 3m 范围内为安全禁区，不准堆放任何构件和材料。

墙板堆放区要根据吊装机械行驶路线来确定，一般应布置在吊装机械工作半径范围以内，避免吊装机械空驶和负荷行驶。楼板、屋面板、楼梯、休息平台板、通风道等，一般沿建筑物堆放在墙板的外侧。结构安装阶段需要吊运到楼层的零星构配件、混凝土、砂浆、砖、门窗、炉片、管材等材料的堆放，应视现场具体情况而定，要充分利用建筑物两端空地及吊装机械工作半径范围内的其他空地。这些材料应确定数量，组织吊次，按照楼层材料布置的要求，随每层结构安装逐层吊运到楼层指定地点。

5.1.4　机具准备

以装配整体式剪力墙结构为例，其所需机具及设备主要有塔吊、振动棒、水准仪、铁扁担、工具式组合钢支撑、灌浆泵、吊带、铁链、吊钩、冲击钻、电动扳手、专用撬棍、镜子等，须按施工组织设计文件的型号、数量准备到位。

5.1.5　劳动组织准备

以装配式结构吊装阶段为例，所需人员主要有吊装工、吊车司机、测量人员等，须按施工组织设计文件的数量和进场时间准备到位。

5.1.6 其他准备工作

（1）组织现场施工人员熟悉、审查图纸，对构件型号、尺寸、埋件位置逐块检查核对，熟悉吊装顺序和各种指挥信号，准备好各种施工记录表格。

（2）引进坐标桩、水平桩，按设计位置放线，经检验合格签字后挖土、打钎、做基础和浇筑完首层地面混凝土。

（3）对塔吊行走轨道和墙板构件堆放区等场地进行碾压、铺轨、安装塔吊，并在其周围设置排水沟。

（4）组织墙板等构件进场，按吊装顺序先存放配套构件，并在吊装前认真检查构件的质量和数量。质量如不符合要求，应及时处理。

5.2 灌浆套筒连接施工

本工法适合竖向钢筋连接，包括剪力墙、框架柱的连接。

5.2.1 施工准备

准备灌浆料（打开包装袋检查灌浆料应无受潮结块或其他异常）和清洁水；准备施工器具；如果夏天温度过高需准备降温冰块，冬天则需准备热水。

5.2.2 制备灌浆料

制备灌浆料的流程如图 5-1 所示。

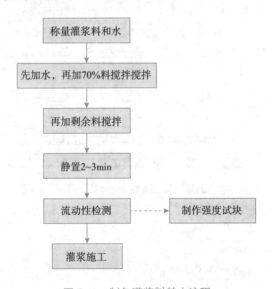

图 5-1 制备灌浆料基本流程

（1）称量灌浆料和水：严格按本批产品出厂检验报告要求的水料比，用电子秤分别称量灌浆料和水，也可用刻度量杯计量水。

（2）第一次搅拌：料浆料量杯精确加水先将水倒入搅拌桶，然后加入约 70% 料，用专用搅拌机搅拌 1~2min 至大致均匀。

（3）第二次搅拌：再将剩余料全部加入，再搅拌 3~4min 至彻底均匀。

（4）搅拌均匀后，静置 2~3min，使浆内气泡自然排出后再使用。

（5）流动度检验：每班灌浆连接施工前进行灌浆料初始流动度检验，记录有关参数，流动度合格方可使用。检测流动度环境温度超过产品使用温度上限（35℃）时，须做实际可操作时间检验，保证灌浆施工时间在产品可操作时间内完成。

（6）根据需要进行现场抗压强度检验。制作试件前浆料需要静置 2~3min，使浆内气泡自然排出。检验试块要密封后现场同条件养护。

5.2.3　灌浆施工

灌浆施工的工艺流程如图 5-2 所示。

灌浆施工

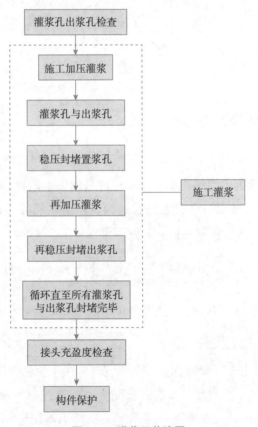

图 5-2　灌浆工艺流程

（1）灌浆孔与出浆孔检查：在正式灌浆前，采用空气压缩机逐个检查各接头的灌浆孔和出浆孔内有无影响浆料流动的杂物，确保孔路畅通。

（2）施工灌浆。

① 采用保压停顿灌浆法施工能有效节省灌浆料施工浪费，保证工程施工质量。用灌浆泵（枪）从接头下方的灌浆孔处向套筒内压力灌浆。特别注意正常灌浆料要在自加水搅拌开始 20~30min 内灌完，以尽量保留一定的操作应急时间。

② 灌浆孔与出浆孔出浆封堵，采用专用塑料堵头（与孔洞配套），操作中用螺丝刀顶紧。在灌浆完成、浆料凝固前，应巡视检查已灌浆的接头，如有漏浆及时处理。

（3）接头充盈检查：灌浆料凝固后，取下灌排浆孔封堵胶塞，检查孔内凝固的灌浆料上表面应高于排浆孔下缘 5mm 以上，如图 5-3 所示。

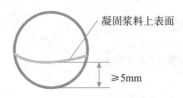

图 5-3　接头充盈检查

5.3　装配整体式剪力墙结构的施工

5.3.1　施工流程

装配整体式剪力墙结构中剪力墙构件采用工厂预制、现场吊装完成，预制构件之间通过现浇混凝土进行连接，竖向钢筋通过钢筋套筒连接、螺栓连接等方式进行可靠连接。其施工流程如图 5-4 所示。

图 5-4　装配整体式剪力墙施工流程

5.3.2　剪力墙板的安装

预制剪力墙按以下顺序进行安装：定位放线（弹轮廓线、分仓线）→调整墙竖向钢筋（垂直度、位置、长度）→标高控制（预埋螺栓）→分仓 → 装配整体式剪力墙吊装 → 装配整体式剪力墙固定 → 装配整体式剪力墙封仓 → 灌浆 → 检查验收。

剪力墙板
的安装

1. 定位放线

构件吊装前必须在基层或者相关构件上将各个截面的控制线、分仓线、构件编号弹设好，利于提高吊装效率和控制质量，定位放线如图 5-5 所示。

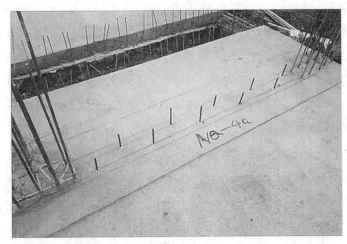

图 5-5　放定位线

2. 调整墙竖向钢筋

通过固定钢模具对基层插筋进行位置及垂直度确认，如图 5-6 所示。

图 5-6　插筋定位

3. 预埋螺栓标高调整

预埋螺栓标高调整要点如下。

（1）对实心墙板基层初凝时用钢钎做麻面处理，吊装前清理浮灰。

（2）水准仪对预埋螺母标高进行调节。

（3）对基层地面平整度进行确认。

4. 预制剪力墙吊装及固定

预制剪力墙起吊下放时应平稳，需在墙体两边放置观察镜，确认下方连接钢筋均准确插入灌浆套筒内，检查预制构件与基层预埋螺栓是否压实无缝隙，如不满足继续调整。

预制墙体垂直度允许误差为 5mm，在预制墙板上部 2/3 高度处，用斜支撑对预制构件进行固定，斜撑底部与楼面用地脚螺栓锚固，并与楼面的水平夹角不小于 60°，墙体构件用不少于两根斜支撑进行固定。垂直度的细部调整通过两个斜撑上的螺纹套管调整来实现，两边要同时调整。在确保两个墙板斜撑安装牢固后，方可解除吊钩。内墙板吊装如图 5-7 所示。

图 5-7　内墙板吊装

5. 预制剪力墙墙体封仓

嵌缝前须对基层与预制墙体接触面用专用吹风机清理，并做润湿处理。选择专用的封仓料和抹子，在缝隙内先压入 PVC 管或泡沫条，填抹 15~20mm 深，将缝隙填塞密实后，抽出 PVC 管或泡沫条。填抹完毕后确认封仓强度达到要求（常温 24h，约 30MPa）后再灌浆。

6. 预制剪力墙墙体灌浆

灌浆前逐个检查各接头的灌浆孔和出浆孔，确保孔路畅通及仓体密封检查。灌浆泵接头插入一个灌浆孔后，封堵其余灌浆孔及灌浆泵上的出浆口，待出浆孔连续流出浆体后，灌浆机稳压，立即用专用橡胶塞封堵。至所有排浆孔出浆并封堵牢固后，拔出灌浆泵接头，立刻用专用的橡胶塞封堵。预制外墙施工如图 5-8 所示。

图 5-8　预制外墙施工

5.3.3　叠合楼板的安装

叠合楼板按以下顺序进行安装：楼板及梁支撑体系安装 → 预制叠合楼板吊装 → 楼板吊装铺设完毕后的检查 → 附加钢筋及楼板下层横向钢筋安装 → 水电管线敷设、连接 → 楼板上层钢筋安装 → 预制楼板底部拼缝处理 → 检查验收。

叠合楼板
的安装

1. 楼板及梁支撑体系安装

楼板的支撑体系必须有足够的强度和刚度，楼板支撑体系的水平高度必须达到精准的要求，以保证楼板浇筑成型后底面平整，如图 5-9 所示。楼板支撑体系木工字梁设置方向垂直于叠合楼板内格构梁的方向，梁底边支座不得大于 500mm，间距不大于 1200mm。叠合板与边支座的搭接长度为 10mm，在楼板边支座附近 200~500mm 范围内设置一道支撑体系。

图 5-9　可调式叠合板支撑系统

2. 叠合楼板的吊装

楼板吊装前应将支座基础面及楼板底面清理干净，避免点支撑。吊装时先吊铺边缘窄板，然后按照顺序吊装剩下的板块，每块楼板起吊用4个吊点，吊点位置为格构梁上弦与腹筋交接处，距离板端为整个板长的1/4 和 1/5 之间，如图 5-10 所示。吊装锁链采用专用锁链和 4 个闭合吊钩，平均分担受力，多点均衡起吊，单个锁链长度为 4m。楼板铺设完毕后，板的下边缘不应该出现高低不平的情况，也不应出现空隙，局部无法调整避免的支座处出现的空隙应做封堵处理，支撑可以做适当调整，使板的底面保持平整、无缝隙。

图 5-10 叠合板起吊

3. 附加钢筋及楼板下层横向钢筋安装

叠合板连接如图 5-11 所示。预制楼板安装调平后，即可进行附加钢筋及楼板下层横向钢筋的安装。

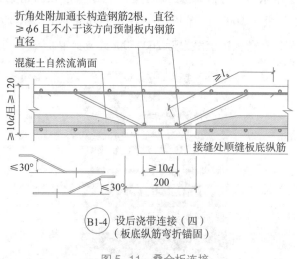

图 5-11 叠合板连接

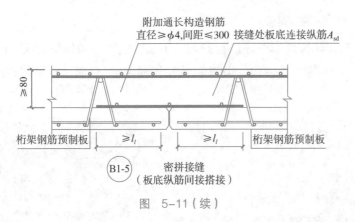

图　5-11（续）

4. 水电管线敷设及预埋

楼板上层钢筋安装完成后，进行水电管线的敷设与连接工作。为便于施工，叠合板在工厂生产阶段已将相应的线盒及预留洞口等按设计图纸预埋在预制板中，施工过程中各方必须做好成品保护工作，如图 5-12 所示。

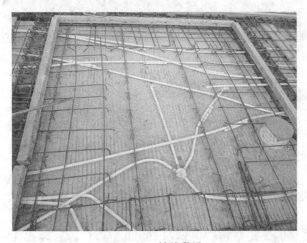

图 5-12　管线敷设

5. 楼板上层钢筋安装

楼板上层钢筋设置在格构梁上弦钢筋上并绑扎固定，以防止偏移和混凝土浇筑时上浮。对已铺设好的钢筋、模板进行保护，禁止在底模上行走或踩踏，禁止随意扳动、切断格构钢筋。

6. 预制楼板底部接缝处理

在墙板和楼板混凝土浇筑之前，应派专人对预制楼板底部拼缝及其与墙板之间的缝隙进行检查，对一些缝隙过大的部位进行支模封堵处理，以免影响混凝土的浇筑质量。

预制楼梯
安装

5.3.4 预制楼梯安装

预制楼梯按以下顺序进行安装：定位放线（弹构件轮廓线）→ 支撑架搭设 → 标高控制 → 构件吊装 → 预制楼梯固定。预制楼梯吊装如图 5-13 所示。

图 5-13 楼梯吊装

楼梯的安装施工应符合下列要求。

（1）吊装前应检查核对构件编号，确定安装位置，弹出楼梯安装控制线，对控制线及标高进行复核。

（2）滑动式楼梯上部与主体结构连接多采用固定式连接，下部与主体结构连接多采用滑动式连接。施工时应先固定上部固定端，后固定下部滑动端。

（3）楼梯侧面距结构墙体预留 30mm 空隙，为后续初装的抹灰层预留空间；梯井之间根据楼梯栏杆安装要求预留 40mm 空隙。在楼梯段上下口梯梁处铺 20mm 厚 C25 细石混凝土找平灰饼，找平层灰饼标高要控制准确。

（4）预制楼梯采用水平吊装，用螺栓将通用吊耳与楼梯板预埋吊装内螺母连接，起吊前检查卸扣卡环，确认牢固后方可继续缓慢起吊。调整索具铁链长度，使楼梯段休息平台处于水平位置。试吊预制楼梯板，检查吊点位置是否准确，吊索受力是否均匀等；试起吊高度不应超过 1m。

（5）楼梯吊至梁上方 300~500mm 后调整楼梯位置板边线基本与控制

线吻合。就位时要求缓慢操作，以免造成楼梯板震折损坏。楼梯板基本就位后，根据控制线，利用撬棍微调、校正，先保证楼梯两侧准确就位，再使用水平尺和倒链调节楼梯水平。

5.3.5 预制混凝土阳台、空调板、太阳能板的安装施工

预制混凝土阳台、空调板、太阳能板的现场施工工艺流程：定位放线→安装底部支撑并调整→安装构件→（绑扎叠合层钢筋）→浇筑叠合层混凝土→拆除模板。预制阳台安装如图5-14所示。

图 5-14 预制阳台安装

预制混凝土阳台、空调板、太阳能板的安装施工应符合下列要求。

（1）预制阳台板吊装宜选用专用型框架吊装梁，预制空调板吊装可采用吊索直接吊装。

（2）吊装前应进行试吊装，且检查吊具预埋件是否牢固。

（3）施工管理及操作人员应熟悉施工图纸，应按照吊装流程核对构件编号，确认安装位置，并标注吊装顺序。

（4）吊装时注意保护成品，以免墙体边角被撞。

（5）阳台板施工荷载不得超过 1.5kN/m²。施工荷载宜均匀布置。

（6）悬臂式全预制阳台板、空调板、太阳能板甩出的钢筋都是负弯矩筋，首先应注意钢筋绑扎位置的准确。同时，在后浇混凝土过程中要严格避免踩踏钢筋而造成钢筋向下位移。

（7）预制构件的板底支撑必须在后浇混凝土强度达到 100% 后拆除。板底支撑拆除尚应保证该构件能承受上层阳台通过支撑传递下来的荷载。

5.4 双面叠合剪力墙结构的施工

5.4.1 施工流程

双面叠合剪力墙结构的施工流程如图 5-15 所示。

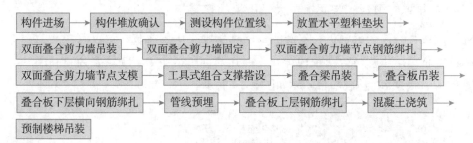

构件进场 → 构件堆放确认 → 测设构件位置线 → 放置水平塑料垫块 →

双面叠合剪力墙吊装 → 双面叠合剪力墙固定 → 双面叠合剪力墙节点钢筋绑扎 →

双面叠合剪力墙节点支模 → 工具式组合支撑搭设 → 叠合梁吊装 → 叠合板吊装 →

叠合板下层横向钢筋绑扎 → 管线预埋 → 叠合板上层钢筋绑扎 → 混凝土浇筑 →

预制楼梯吊装

图 5-15 双面叠合剪力墙结构的施工流程

叠合墙板
的安装

5.4.2 叠合墙板的安装

叠合墙板按以下顺序进行安装：测量放线 → 检查调整墙体竖向预留钢筋 → 测量放置水平标高控制 → 墙板吊装就位 → 安装固定墙板支撑 → 水电管线连接 → 墙板拼缝连接 → 绑扎柱钢筋和附加钢筋 → 暗柱支模 → 叠合墙板底部及拼缝处理 → 检查验收。

1. 测量放线

构件吊装前必须在基层或者相关构件上将各个截面的控制线弹设好，利于提高吊装效率和控制质量，如图 5-16 所示。

图 5-16 测量放线

2. 标高控制

对叠合楼板标高控制时，需先对基层进行杂物清理，再放专用垫块，并用水准仪对垫块标高进行调节，满足相对 50mm 的高差要求，如图 5-17 所示。

图 5-17　标高调整专用垫块

3. 墙板吊装就位

叠合墙板吊装采用两点起吊，吊钩采用弹簧防开钩，吊点同水平墙夹角不宜小于 60°。叠合墙板下落过程应平稳，在叠合墙板未固定前，不可随意下吊钩。墙板间缝隙控制在 20mm 内。墙板吊装就位如图 5-18 所示。

（a）吊钩固定

（b）垂直起吊

（c）对准就位

（d）调整水平线

图 5-18　墙板吊装就位

（e）墙板安装就位

图 5-18（续）

4. 预制双面叠合墙固定

墙体垂直度调整完毕后，在预制墙板上高度 2/3 处，用斜支撑通过连接对预制构件进行固定，斜撑底部与楼面用地脚螺栓锚固，其与楼面的水平墙夹角为 40°~50°，墙体构件用不少于两根斜支撑进行固定，如图 5-19 所示。

（a）调整垂直度

（b）固定支撑

图 5-19 预制双面叠合墙固定

5.5　装配整体式框架结构的施工

5.5.1　施工流程

装配整体式框架结构预制构件一般包含：预制柱、叠合板、叠合梁等主要预制构件，预制构件之间在施工现场通过现浇混凝土进行连接，以保证结构等整体性。整体装配式框架结构的施工流程如图 5-20 所示。

装配整体式
框架结构施
工流程

图 5-20　整体装配式框架结构的施工流程

5.5.2　框架柱的安装

框架柱安装流程如图 5-21 所示。

图 5-21　框架柱安装流程

框架柱的
安装

1. 测量放线

构件吊装前必须在基层将构件轮廓线弹设好，检查预制框架柱底面钢筋位置、规格与数量、几何形状和尺寸是否与定位钢模板一致。测量预制框架柱标高控制件（预埋螺母），标高满足相对 20mm 缝隙要求。对预留插筋进行灰浆处理工作或在基层浇筑时用保鲜膜保护。图 5-22 为预留套管保护图。

图 5-22　预留套管保护图

2. 预制框架柱吊装

构件吊装前必须整理吊具及施工用具，对吊具进行安全检查，保证吊装质量和吊装安全。预制框架柱采用一点慢速起吊，在预制框架柱起立的地面处用木方保护。预制框架柱吊装顺序，采用单元吊装模式并沿着长轴线方向进行，如图 5-23 所示。

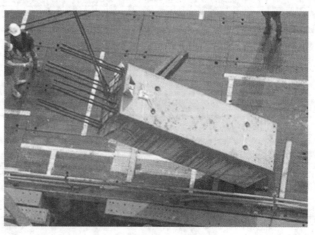

图 5-23　预制框架柱吊装

3. 预制框架柱固定

预制框架柱对位时，停在预留筋上 30~50mm 处进行细部对位，使预制框架柱的套筒与预留钢筋互相吻合，并满足 20mm 施工拼缝，调整垂直误差在 2mm 内，最后采用三面斜支撑将其固定。预制框架柱垂直偏差用两架经纬仪去检查其垂直度。

4. 预制框架柱灌浆

预制框架柱底部 20mm 缝隙需进行密闭封仓，使用专用的封浆料，填抹 15~20mm 深（确保不堵套筒孔），一段抹完后抽出内衬进行下一段填抹，如图 5-24 所示。

图 5-24 封仓

封仓后 24h 或达到 30MPa 强度，使用专用灌浆料，严格按照灌浆料产品工艺说明进行灌浆料制备。环境温度高于 30℃ 时，对设备机具等润湿降温处理。注浆时按照浆料排出先后顺序，依次进行封堵灌、排浆孔，封堵时灌浆泵（枪）要一直保持压力，直至所有灌、排浆孔出浆并封堵牢固，然后停止灌浆。浆料要在自加水搅拌开始 20~30min 内灌完。

5.5.3 叠合梁、楼板的安装施工

叠合梁、楼板按以下顺序进行安装施工：叠合楼板支撑体系安装 → 叠合主梁吊装 → 叠合主梁支撑体系安装 → 叠合次梁吊装 → 叠合次梁支撑体系安装 → 叠合楼板吊装 → 叠合梁、楼板吊装铺设完毕后的检查 → 附加钢筋及楼板下层横向钢筋安装 → 水电管线敷设、连接 → 楼板上层钢筋安装 → 墙板上下层连接钢筋安装 → 预制洞口支模 → 预制楼板底部拼缝处理 → 检查验收。

预制梁的
安装

扩展阅读

某中学体育馆坍塌事故的警示

2023年，某中学体育馆屋顶坍塌。当时，馆内共有19人，包括该校女排2名教练和17名队员在体育馆内集训。这起事故共造成11名师生死亡。

经有关专家对事故原因的初步调查：与体育馆毗邻的教学综合楼施工过程中，施工单位违规将珍珠岩堆置体育馆屋顶，受降雨影响，珍珠岩浸水增重，导致屋顶荷载增大、引发坍塌。

这是一起违规违章、野蛮施工的典型案例。施工单位违规堆放建筑材料，导致体育馆坍塌，涉嫌重大安全事故罪，且事故造成多人伤亡，属于情节特别恶劣的情形，必将受到法律制裁。

这起事故警示我们，建筑施工必须照图施工、依规行事，任何违规违章、野蛮施工的行为都可能付出血的代价。

1. 叠合楼板安装施工

预制混凝土叠合楼板的现场施工工艺流程：定位放线 → 安装底板支撑并调整 → 安装叠合楼板的预制部分 → 安装侧模板、现浇区底模板及支架 → 绑扎叠合层钢筋、铺设管线、预埋件 → 浇筑叠合层混凝土 → 拆除模板。

叠合楼板安装施工应符合下列要求。

（1）叠合构件的支撑应根据设计要求或施工方案设置，支撑标高除应符合设计规定外，还应考虑支撑本身的施工变形。图5-25为叠合楼板底板支撑图。

图5-25 叠合楼板底板支撑图

（2）控制施工荷载不应超过设计规定，并应避免单个预制构件承受较大的集中荷载与冲击荷载。

（3）叠合构件的搁置长度应满足设计要求，宜设置厚度不大于 20mm 的坐浆或垫片。

（4）叠合构件混凝土浇筑前，应检查结合面粗糙度，并应检查及校正预制构件的外露钢筋。

（5）预制底板吊装完后应对板底接缝高差进行校核。当叠合板板底接缝高差不满足设计要求时，应将构件重新起吊，通过可调托座进行调节。

（6）预制底板的接缝宽度应满足设计要求。

叠合构件应在后浇混凝土强度达到设计要求后，方可拆除支撑或承受施工荷载。

2. 叠合梁安装施工

装配式混凝土叠合梁的安装施工工艺流程与叠合楼板类似。

现场施工时应将相邻的叠合梁与叠合楼板协同安装，两者的叠合层混凝土同时浇筑，以保证建筑的整体性能。

安装顺序宜遵循先主梁后次梁、先低后高的原则。安装前，应测量并修正临时支撑标高，确保与梁底标高一致，并在柱上弹出梁边控制线；安装后根据控制线进行精密调整。安装时梁伸入支座的长度与搁置长度应符合设计要求。

装配式混凝土建筑梁柱节点处作业面狭小且钢筋交错密集，施工难度极大。因此，在拆分设计时即考虑好各种钢筋的关系，直接设计出必要的弯折。此外，吊装方案要按拆分设计考虑吊装顺序，吊装时则必须严格按吊装方案控制先后。安装前，应复核柱钢筋与梁钢筋位置、尺寸，对梁钢筋与柱钢筋位置有冲突的，应按经设计单位确认的技术方案调整。

叠合楼板、叠合梁等叠合构件应在后浇混凝土强度达到设计要求后，方可拆除底模和支撑（表 5-3）。

表 5-3　模板与支撑拆除时的后浇混凝土强度要求

构件类型	构件跨度 / m	达到设计混凝土强度等级值的百分率 / %
板	≤2	≥50
	>2，≤8	≥75
	>8	≥100
梁	≤8	≥75
	>8	≥100
悬臂构件		≥100

5.6 装配式建筑铝模的施工

5.6.1 铝模组成及特点

铝模由面板系统、支撑系统、紧固系统和附件系统组成，如图5-26所示。面板系统采用挤压成型的铝合金型材加工而成，可取代传统的木模板，在装配式建筑施工应用中比木模表面观感质量及平整度更高，可重复利用，节省木材，符合绿色施工理念。配合高强的钢支撑和紧固系统及优质的五金插销等附件，具有轻质、高强、整体稳定性好的特点。其与钢模比质量更轻，材料可人工在上下楼层间传递，施工拆装便捷。因此铝模被广泛地应用于各类装配式结构的现浇节点模板工程。

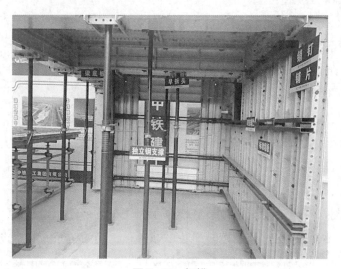

图 5-26 铝模

5.6.2 施工准备

PC结构现浇节点筋绑扎完毕，各专项工程的预埋件已安装完毕，并通过了隐蔽验收；作业面各构件的位置控制线的测量放线工作已完成，并完成复核；现浇节点底部标高要复核，对高出的部分及时凿除，并调整至设计标高；按装配图检查施工区域的铝模板及配件是否齐全，编号是否完整；墙柱模板板面应清理干净，均匀涂刷水性的模板脱模剂。

5.6.3 铝模的安装

铝模通常按照"先内墙，后外墙""先非标板，后标准板"的原则进行安装作业，其安装流程如图5-27所示。

铝模的安装

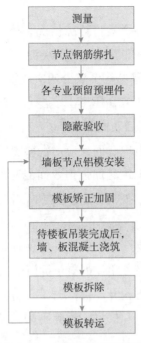

图 5-27　铝模施工工艺流程

1. 墙板节点铝模安装

按编号将所需的模板找出,清理并刷水性模板脱模剂;在铝模与预制梁板重合处加止水条;复核墙底脚的混凝土标高后,将墙板放置在相应位置;再用穿套管对拉,依次用销钉将墙模与踢脚板固定、将墙模与墙模固定,如图 5-28 所示。

图 5-28　定位固定

2. 模板校正及固定

模板安装完毕后,对所有的节点铝模墙板进行平整度与垂直度的校核。校核完成后在墙柱模板上加特制的双方钢背楞,并用高强螺栓固定。

3. 混凝土浇筑

校正固定后，检查各个接口缝隙情况。楼层混凝土浇筑时，安排专门的模板工在作业层下留守看模，以解决混凝土浇筑时出现的模板下沉、爆模等突发问题。PC 预制结构节点分两次浇筑，因铝模是金属模板，夏天高温时，混凝土浇筑前应在铝模上多浇水，防止铝模温度过高造成水泥浆快速干化，造成拆模后表面起皮。

为避免混凝土表面出现麻面，应对混凝土配比进行优化以减少气泡的产生，另外在混凝土浇筑时加强作业面混凝土工人的施工监督，避免出现漏振、振捣时间短导致局部气泡未排尽的情况产生。

4. 模板拆除

混凝土的拆模时间要严格控制，并应保证拆模后墙体不掉角、不起皮，必须以同条件试块实验为准，混凝土拆模依据以同条件试块强度为准。拆除时要先均匀撬松，再脱开。拆除时零件应集中堆放，防止散失，拆除的模板要及时清理干净和修整，拆除下来的模板必须按顺序平整地堆放好。模板拆除如图 5-29 所示。

图 5-29　铝模拆除

读书笔记

课后练习题

1. 比较储存吊装法和直接吊装法的优缺点。

2. 比较塔式起重机和履带式（或轮胎式）起重机的优缺点。

3. 简述灌浆套筒连接施工工艺。

4. 简述装配整体式剪力墙结构的施工流程和方法。

5. 简述双面叠合剪力墙结构的施工流程和方法。

6. 简述装配式建筑铝模的组成及施工要点。

7. 查阅资料，汇总关于装配式混凝土建筑施工的现行标准，梳理其中的强制性条文。

教学单元 6 装配式混凝土建筑质量与安全管理

知识图谱

微课：装配式
混凝土建筑质量
与安全管理

学习目标

知识能力目标

（1）熟悉装配式建筑工程项目管理方式。

（2）掌握预制构件生产阶段的质量控制与验收的标准和方法。

（3）装配式混凝土结构施工质量控制与验收的标准和方法。

（4）掌握装配式建筑施工各环节安全管理要求。

课程思政目标

（1）深刻认识建筑质量事关"人民美好生活"，不断强化"安全第一、质量至上"的意识。

（2）深刻理解"建筑是凝固的艺术，质量是建筑的生命"，不断提高对"质量强国战略"的认识。

6.1 装配式建筑工程项目管理方式

6.1.1 装配式建筑工程项目管理模式

目前，由于国内建筑工程项目主要采用的是设计、施工分别发包的模式，分项招标、分段验收，设计、施工各个环节相互割裂、脱节，无法适应装配式建造方式的发展要求。为破解这一难题，《国务院办公厅关于大力发展装配式建筑的指导意见》中提出装配式混凝土建筑工程项目管理在原则上应采用工程总承包模式，即推行设计、生产、施工一体化的工程总承包建设模式。

工程总承包是指承包单位按照与建设单位签订的合同，对工程设计、采购、施工或者设计、施工等阶段实行总承包，并对工程的质量、安全、工期和造价等方面全面负责的工程建设组织实施方式，是国际通行的工程建设项目组织实施方式。我国工程总承包主要应用在化工、石化、水利等领域。目前主要有大型产业集团、工程总承包联合体两类工程总承包主体。

工程总承包模式主要有 EPC（engineering、procurement、construction，设计、采购、施工总承包）、DB（design、build，设计、施工总承包）、EP（engineering、procurement，设计、采购承包）、LSTK（lump sum turn key，交钥匙总承包）4 种模式。下面重点介绍较为常用的 EPC 模式和 DB 模式。

1. EPC 模式

EPC 模式是由一家承包商或承包商联合体对整个工程的设计、采购、施工直至交付使用进行全过程的统筹管理，也称作 EPC 工程总承包或 EPC 全过程工程总承包。在 EPC 总承包模式下，业主将项目的设计、采购、施工工作全部交由总承包商来完成。根据工程需要，在合同允许的范围内总承包商可将项目的部分工作分包出去，总承包商统筹管理，并对业主负责。业主在工程项目中参与度比较低，业主可以自行组建管理机构，也可以委托咨询单位对项目进行整体性、原则性、目标性的管控。EPC 模式下能发挥总承包商企业的管理经验和主观能动性，提高项目的管理效率，创造更多的效益。

　　EPC 模式的主要内容为：组织管理、费用控制、进度控制、质量控制、合同管理、信息管理、沟通管理。EPC 模式下业主与总承包商签订总价合同。项目的设计、采购、施工工作全部由总承包商负责，并对项目的质量、成本、进度等方面全面负责。总承包商处于核心地位并承担项目的大部分风险，业主参与度低。根据项目情况，在合同允许的范围内，总承包商可以把设计或施工的工作分包出去。EPC 模式比较适用于工程设计复杂、采购量大、业主希望最大限度规避风险，同时设计、采购、施工各阶段需要深度交叉并协同工作、涉及专业较多的项目。EPC 模式结构图如图 6-1 所示。

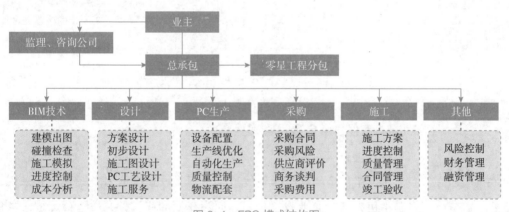

图 6-1　EPC 模式结构图

　　在采用 EPC 模式的装配式建筑项目中引入 BIM 技术，项目各参与方、各专业技术人员在同一信息平台进行数据处理，实现装配式建筑设计、生产、施工的一体化信息化管理，降低沟通成本，提高协同效率，辅助实现装配式建筑的全生命期信息化管理，提高装配式建筑建造效率，促进装配式建筑的发展。

　　2. DB 模式

　　DB 模式是指在工程项目可行性研究或者项目初步设计完成以后，根据具体工程的施工特点，将工程项目中的设计与施工捆绑委托给一家具有设计和施工总承包资质的企业，并最终对工程项目中的进度、安全、成本及质量负全面责任。设计施工总承包模式是受业主委托，由唯一承包方按照合同约定对项目的勘察、设计、采购、施工、试运行（竣工验收）等全过程或至少包括设计和施工阶段进行工程承包的方式，如图 6-2 所示。DB 模式主要分为 4 种：Develop and construction（DB 承包商仅完成施工图设计和施工建造等任务）；Novation design-build（DB 承包商负责部分初步设计、施工图设计以及施工建造等任务）；Enhanced design-build（DB 承包商完成全部初步设计、施工图设计和施工建造等任务）；Traditional design-build（DB 承包商负责所有的设计和建造工作）。

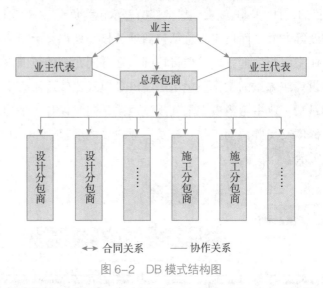

图 6-2　DB 模式结构图

6.1.2　工程总承包项目管理要点

1. 发包和承包环节

建设单位应当在发包前完成项目审批、核准或者备案程序。采用工程总承包方式的企业投资项目，应当在核准或者备案后进行工程总承包项目发包。采用工程总承包方式的政府投资项目，原则上应当在初步设计审批完成后进行工程总承包项目的发包。其中，按照国家有关规定简化报批文件和审批程序的政府投资项目，应当在完成相应的投资决策审批后进行工程总承包项目的发包。建设单位依法采用招标或者直接发包等方式选择工程总承包单位。工程总承包项目范围内的设计、采购或者施工中，有任一项属于依法必须进行招标的项目范围且达到国家规定规模标准的，应当采用招标的方式选择工程总承包单位。

　　建设单位应当根据招标项目的特点和需要编制工程总承包项目招标文件，主要包括内容：投标人须知；评标办法和标准；拟签订合同的主要条款；发包人要求，列明项目的目标、范围、设计和其他技术标准，包括对项目的内容、范围、规模、标准、功能、质量、安全、节约能源、生态环境保护、工期、验收等的明确要求；建设单位提供的资料和条件，包括发包前完成的水文地质、工程地质、地形等勘察资料，以及可行性研究报告、方案设计文件或者初步设计文件等；投标文件格式；要求投标人提交的其他材料。

　　工程总承包单位应当同时具有与工程规模相适应的工程设计资质和施工资质，或者由具有相应资质的设计单位和施工单位组成联合体。工程总承包单位应当具有相应的项目管理体系和项目管理能力、财务和风险承担能力，以及与发包工程相类似的设计、施工或者工程总承包业绩。设计单位和施工单位组成联合体的，应当根据项目的特点和复杂程度，合理确定牵头单位，并在联合体协议中明确联合体成员单位的责任和权利。联合体各方应当共同与建设单位签订工程总承包合同，就工程总承包项目承担连带责任。

　　工程总承包单位不得是工程总承包项目的代建单位、项目管理单位、监理单位、造价咨询单位、招标代理单位。政府投资项目的项目建议书、可行性研究报告、初步设计文件编制单位及其评估单位，一般不得成为该项目的工程总承包单位。政府投资项目招标人公开已经完成的项目建议书、可行性研究报告、初步设计文件的，上述单位可以参与该工程总承包项目的投标，经依法评标、定标，成为工程总承包单位。

　　建设单位承担的风险主要包括：主要工程材料、设备、人工价格与招标时基期价相比，波动幅度超过合同约定幅度的部分；因国家法律法规政策变化引起的合同价格的变化；不可预见的地质条件造成的工程费用和工期的变化；因建设单位原因产生的工程费用和工期的变化；不可抗力造成的工程费用和工期的变化。建设单位和工程总承包单位可运用保险手段增强防范风险能力。

　　企业投资项目的工程总承包宜采用总价合同，政府投资项目的工程总承包应当合理确定合同价格形式。采用总价合同的，除合同约定可以调整的情形外，合同总价一般不予调整。建设单位和工程总承包单位可以在合同中约定工程总承包计量规则和计价方法。依法必须进行招标的项目，合同价格应当在充分竞争的基础上合理确定。

2. 项目实施管理环节

建设单位根据自身资源和能力，可以自行对工程总承包项目进行管理，也可以委托勘察设计单位、代建单位等项目管理单位，赋予相应权利，依照合同对工程总承包项目进行管理。工程总承包单位应当建立与工程总承包相适应的组织机构和管理制度，形成项目设计、采购、施工、试运行管理以及质量、安全、工期、造价、节约能源和生态环境保护管理等工程总承包综合管理能力。工程总承包单位应当设立项目管理机构，设置项目经理，配备相应管理人员，加强设计、采购与施工的协调，完善和优化设计，改进施工方案，实现对工程总承包项目的有效管理控制。

工程总承包项目经理应当具备下列条件：取得相应工程建设类注册执业资格，包括注册建筑师、勘察设计注册工程师、注册建造师或者注册监理工程师等；未实施注册执业资格的，取得高级专业技术职称；担任过与拟建项目相类似的工程总承包项目经理、设计项目负责人、施工项目负责人或者项目总监理工程师；熟悉工程技术和工程总承包项目管理知识以及相关法律法规、标准规范；具有较强的组织协调能力和良好的职业道德。工程总承包项目经理不得同时在两个或者两个以上工程项目担任工程总承包项目经理、施工项目负责人。

工程总承包单位可以采用直接发包的方式进行分包。但以暂估价形式包括在总承包范围内的工程、货物、服务分包时，属于依法必须进行招标的项目范围且达到国家规定规模标准的，应当依法招标。工程总承包单位应当对其承包的全部建设工程质量负责，分包单位对其分包工程的质量负责，分包不免除工程总承包单位对其承包的全部建设工程所负的质量责任。工程总承包单位、工程总承包项目经理依法承担质量终身责任。

建设单位不得对工程总承包单位提出不符合建设工程安全生产法律、法规和强制性标准规定的要求，不得明示或者暗示工程总承包单位购买、租赁、使用不符合安全施工要求的安全防护用具、机械设备、施工机具及配件、消防设施和器材。工程总承包单位对承包范围内工程的安全生产负总责。分包单位应当服从工程总承包单位的安全生产管理，分包单位不服从管理导致生产安全事故的，由分包单位承担主要责任，分包不免除工程总承包单位的安全责任。建设单位不得设置不合理工期，不得任意压缩合理工期。工程总承包单位应当依据合同对工期全面负责，对项目总进度和各阶段的进度进行控制管理，确保工程按期竣工。

工程保修书由建设单位与工程总承包单位签署，保修期内工程总承包单位应当根据法律法规规定以及合同约定承担保修责任，工程总承包单位不得以其与分包单位之间保修责任划分而拒绝履行保修责任。建设单位和工程总承包单位应当加强设计、施工等环节管理，确保建设地点、建设规模、建设内容等符合项目审批、核准、备案要求。

6.2　预制构件生产阶段的质量控制与验收

预制混凝土构件采取了工厂化机械化生产制作，混凝土质量的稳定性大大提高，但由于技术和管理等诸多因素的影响，预制混凝土强度不足等质量问题仍时有发生。预制混凝土构件作为装配式混凝土结构工程的主要构件，其质量的好坏直接决定着结构整体质量的好坏，甚至影响结构安全。因此，必须高度重视预制混凝土构件的质量控制。预制混凝土构件生产阶段的质量控制主要从 3 个方面入手：预制混凝土构件生产用原材料的检验、构件生产验收和构件成品出厂质量检验。

6.2.1　预制构件生产用原材料的检验

原材料质量是决定预制混凝土构件质量的首要因素，控制原材料质量的重要措施就是做好原材料的质量检验。

1.原材料质量标准及检验要求

1）水泥

（1）质量标准

水泥宜采用不低于强度等级 42.5 的硅酸盐水泥、普通硅酸盐水泥，质量应符合现行国家标准《通用硅酸盐水泥》（GB 175—2023）的规定。

扩展阅读

某县机关职工住宅楼质量问题的警示

某县一机关修建职工住宅楼，主体完工后进行墙面抹灰。抹灰后在两个月内相继发现多处墙面抹灰出现开裂，并迅速发展。先是形成不规则的放射状裂缝，后多点裂缝相继贯通，成为龟状裂缝，并且空鼓，说明抹灰与墙体已产生剥离。

后查明问题原因是该工程所用水泥中氧化镁含量严重超标，致使水泥安定性不合格，施工单位未对水泥进行进场检验就进行使用，因此产生上述质量问题。

该质量问题警示我们，原材料质量是影响工程质量的重要因素，必须按规定检验合格才能使用，否则，就会使千里之堤毁于蚁穴。

（2）检验要求

检查方法：合格证、型式检验报告、进厂复试报告。

抽样数量：水泥试验应以同一水泥厂、同一强度等级、同一品种、同一生产时间、同一生产批号且连续进场的水泥，200t 为一个验收批。不足 200t 时，也按一个验收批计算。

取样数量：每个验收批取样一组，数量为 12kg。

取样方法：①袋装水泥：一般可以从 20 个以上的不同部位或 20 袋中取等量样品，总数至少 12kg，拌合均匀后分成两等份，一份由试验室按标准进行试验，另一份密封保存备校验用。密封保存要用专用工具：内径为 19mm 的 6 分管长 30cm，前端锯成斜口磨锐。②散装水泥：对同一水泥厂生产的同期出厂的同一品种、同一强度等级的水泥，以一次进厂（场）的同一出厂编号的水泥为一批，但一批总量不得超过 500t。随机地从不少于 3 个车罐中各采取等量水泥，经混合搅拌均匀后，再从中称取不少于 12kg 水泥做检验试样。

检验项目：水泥稳定性、凝结时间、强度等。

2）集料

（1）质量标准

细集料宜选用细度模数为 2.3~3.0 的中粗砂，质量应符合现行国家标准《普通混凝土用砂、石质量及检验方法标准》（JGJ 52—2006）的规定，不得使用海砂；粗集料宜选用粒径为 5~25mm 的碎石，质量应符合现行国家标准《普通混凝土用砂、石质量及检验方法标准》（JGJ 52—2006）的规定。

（2）检验要求

检查方法：型式检验报告、进厂复试报告。

抽样数量：砂石试样应以同一产地、同一规格、同一进场时间，每 400m³ 或 600t 为一验收批，不足 400m³ 时，也按验收批计算。

取样数量:每一验收批取试样一组，砂数量为 22kg，石子数量 40kg（最大粒径为 10mm、15mm、20mm）或 80kg（最大粒径 31.5mm、40mm）。

取样方法：①在料堆上取样时，取样部位均匀分布。取样前先将取样部位表层铲除，然后由各部位抽取大致相等的试样砂 8 份（每份 11kg 以上），石子 15 份（在料堆的顶部、中部和底部各由均匀分布的五个不同的部位取得），每份 5~10kg（20mm 以下取 5kg 以上，31.5mm、40mm 取 10kg 以上）搅拌均匀后缩分成一组试样。②从皮带运输机上取样时，应在皮带运输机机尾的出料处，用接料器定时抽取试样，并由砂 4 份试样（每份 22kg 以上），石子 8 份试样，每份 10~15kg（20mm 以下 10kg、31.5mm、40mm 取 15kg）搅拌均匀后分成一组试样。

检验项目：筛分析含泥量、泥块含量、针片状颗粒含量、压碎指标（后两项仅石子需检验）。

3）拌合用水

（1）质量标准

拌合用水应符合现行国家标准《混凝土用水标准》（JGJ 63—2006）的规定。

（2）检验要求

检查方法：试验报告。

抽样数量：如拌合用水采用生活饮用水不须检验。地表水和地下水首次使用应进行检验。

取样数量：23L。

取样方法：井水、钻孔井水、自来水应放水冲洗管道后采集，江湖水应在中心位或水面下 500mm 处采集。

检验项目：pH、氯离子含量等。

4）粉煤灰

（1）质量标准

粉煤灰应符合现行国家标准《用于水泥和混凝土中的粉煤灰》（GB/T 1596—2005）中的Ⅰ级或Ⅱ级各项技术性能及质量标准。

（2）检验要求

检验方法：合格证、型式检验报告、进厂复试报告。

抽样数量：以 200t 相同等级、同厂别的粉煤灰为一批，不足 200t 时，亦为一验收批。粉煤灰的计量按干灰（含水量小于 1%）的质量计算。

取样数量：①散装灰取样：从不同部位取 15 份试样，每份试样 1~3kg，混合拌匀，按四分法缩取比试验所需量大一倍的试样（称为平均试样）。②袋装灰取样：从每批中任意抽 10 袋，并从每袋中各取试样不小于 1kg，混合搅拌均匀，按四分法缩取比试验所需大一倍的试样（称为平均试样）。

取样方法：同水泥取样方法。

检验项目：细度、烧失量、需水量比等。

5）外加剂

（1）质量标准

外加剂品种应通过试验室进行试配后确定，质量应符合现行国家标准《混凝土外加剂》（GB 8076—2008）、《混凝土外加剂应用技术规范》（GB 50119—2013）等和有关环境保护的规定。钢筋混凝土结构中，当使用含氯化物的外加剂时，混凝土中氧化物的总含量应符合现行国家标准《混凝土质量控制标准》（GB 50164—2011）的规定。预应力混凝土结构中，严禁使用含氯化物的外加剂。

（2）检验要求

检验方法：合格证、使用说明书、型式检验报告、进厂复试报告。

抽样数量：掺量大于1%（含1%）同品种的外加剂每一批号为100t，掺量小于1%的外加剂每一批号为50t。不足100t或50t的，也应按一个批量计，同一批号的产品必须混合均匀。

取样数量：每一批号取样量不少于0.2t水泥所需用的外加剂量。

取样方法：每一批号取样应充分混匀，分为两等份，其中一份进行试验，另一份密封保存半年，以备有疑问时，提交国家指定的检验机关进行复验或仲裁。

检验项目：泌水率比、含气量、凝结时间差、抗压强度比、收缩率比、减水率（除早强剂、缓凝剂外的各种外加剂）、坍落度（高性能减水剂、泵送剂）、含气量及相对耐久性（引气剂、引气减水剂）。

6）钢筋

（1）质量标准

预制构件采用的钢筋应符合设计要求。

热轧光圆钢筋和热轧带肋钢筋应符合现行国家标准《钢筋混凝土用钢 第1部分：热轧光圆钢筋》（GB 1499.1—2017）和《钢筋混凝土用钢 第2部分：热轧带肋钢筋》）（GB 1499.2—2018）的规定。

预应力钢筋应符合现行国家标准《预应力混凝土用螺纹钢筋》（GB/T 20065—2006）、《预应力混凝土用钢丝》（GB/T 5223—2014）和《预应力混凝土用钢绞线》（GB/T 5224—2014）的规定。

钢筋焊接网片应符合现行国家标准《钢筋混凝土用钢 第3部分：钢筋焊接网》（GB/T 1499.3—2010）的规定。

吊环应采用未经冷加工的HPB300级钢筋制作。吊装用内埋式螺母、吊杆及配套吊具，应根据相应的产品标准和设计规范选用。

（2）检验要求

检查方法：合格证、型式检验报告、进厂复试报告。

抽样数量：对同一厂家、同一牌号、同一规格的钢筋，进厂数量60t为一个检验批，大于60t时，应划分为若干个检验批；小于60t时，应作为一个检验批。对同一工程、同一材料来源、同一组生产设备生产的成型钢筋，检验批量不宜大于 30t。预应力钢筋按进厂的批次和产品的抽样检验方案确定。

取样数量：每批抽取 5 个试样。

取样方法：每检验批抽取两根钢筋，在钢筋任意一端截去 500mm 后切取。

检验项目：热轧光圆钢筋和热轧带肋钢筋检验质量偏差、屈服强度、抗拉强度、伸长率、弯曲试验等；预应力钢筋检验屈服强度、抗拉强度、伸长率、弯曲试验等。

7）预埋件

（1）质量标准

预埋件的材料、品种、规格、型号应符合现行国家相关标准的规定和设计要求。

预埋件的防腐防锈应满足现行国家标准《工业建筑防腐蚀设计标准》（GB 50046—2018）和《涂覆涂料前钢材表面处理表面清洁度的目视评定》（GB/T 8923.1~8923.4）的规定。

管线的材料、品种、规格、型号应符合现行国家相关标准的规定和设计要求。

管线的防腐防锈应符合现行国家标准《工业建筑防腐蚀设计标准》（GB 50046—2018）和《涂覆涂料前钢材表面处理表面清洁度的目视评定》（GB/T 8923.1~8923.4）的规定。

门窗框的品种、规格、性能、型材壁厚、连接方式等应符合现行国家相关标准的规定和设计要求。

防水密封胶条的质量和耐久性应符合现行国家相关标准的规定，防水密封胶条不应在构件转角处搭接。

（2）检验要求

预埋件的检验根据其材料种类按进厂的批次和产品的抽样检验方案确定。

8）钢筋连接套筒

（1）质量标准

连接套筒宜选用灌浆套筒，灌浆套筒材料性能指标和尺寸允许偏差应符合表 6-1 的规定。外观要求：铸造灌浆套筒内外表面不应有影响使用性能的夹渣、冷隔、砂眼、缩孔、裂纹等质量缺陷；机械加工灌浆套筒表面不应有裂纹或影响接头性能的其他缺陷，端面和外表面的边棱处应无尖棱、毛刺，灌浆套筒外表面标识应清晰，表面不应有锈皮。其他性能应符合现行行业标准《钢筋连接用灌浆套筒》（JG/T 398—2019）的规定。机械连接套筒应符合现行国家行业标准《钢筋机械连接用套筒》（JG/T 163—2013）的规定。

表 6–1　灌浆套筒尺寸允许偏差

| 项　目 | 灌浆套筒尺寸偏差 | | | | | |
	铸造灌浆套筒			机械加工灌浆套筒		
钢筋直径 / mm	10~20	22~32	36~40	10~20	22~32	36~40
内、外径允许偏差 / mm	± 0.8	± 1.0	± 1.5	± 0.5	± 0.6	± 0.8
壁厚允许偏差 / mm	± 0.8	± 1.0	± 1.2	± 12.5% t 或 ± 0.4 取其中较大者		
长度允许偏差 / mm	± 2.0			± 1.0		
最小内径允许偏差 / mm	± 1.5			± 1.0		
剪力槽两侧凸台顶部轴向宽度允许偏差 / mm	± 1.0			± 1.0		
剪力槽两侧凸台径向高度允许偏差 / mm	± 1.0			± 1.0		
直螺纹精度	GB/T 197 中 6H 级			GB/T 197 中 6H 级		

钢筋连接用套筒灌浆料应符合现行行业标准《钢筋连接用套筒灌浆料》（JG/T 408—2019）的规定。

套筒灌浆连接接头应符合现行行业标准《钢筋机械连接技术规程》（JGJ 107—2016）的规定。

钢筋锚固搭接连接接头应采用水泥基灌浆材料，灌浆料性能应符合《水泥基灌浆材料应用技术规范》（GB/T 50448—2015）等现行国家相关标准的规定。

（2）检验要求

检查方法：合格证、型式检验报告、进厂复试报告。

抽样数量：材料性能检验应以同钢号、同规格、同炉（批）号的材料作为一个验收批。尺寸偏差和外观应以连续生产的同原材料、同炉（批）号、同类型、同规格的 1000 个灌浆套筒为一个验收批，不足 1000 个灌浆套筒时仍可作为一个验收批。

取样数量：材料性能试验每批随机抽取 2 个试样。尺寸偏差和外观检验每批抽取 10%，连续 10 个验收批一次性检验均合格时，尺寸偏差和外观检验的取样数量可由 10% 降为 5%。

检验内容：抗拉强度、延伸率、屈服强度（钢材类）、外观、尺寸偏差等性能指标。

9）保温材料

（1）质量标准

夹心外墙板宜采用挤塑聚苯板或聚氨酯保温板作为保温材料，保温材料除应符合设计要求外，尚应符合现行国家和地方相关标准的规定。

聚苯板主要性能指标应符合表6–2的规定，其他性能指标应符合现行国家标准《绝热用模塑聚苯乙烯泡沫塑料（EPS）》（GB/T 10801.1—2021）和《绝热用挤塑聚苯乙烯泡沫塑料（XPS）》（GB/T 10801.2—2018）的规定。

表6–2 聚苯板主要性能指标

项　　目	单位	性　能　指　标		
		EPS板		XPS板
		039级	033级	
导热系数	W/（m·K）	≤0.039	≤0.033	不带表皮的毛面板≤0.032，带表皮的开槽板≤0.030
表观密度	kg/m³	≥20		22~35
垂直于板面方向的抗拉强度	MPa	≥0.10		≥0.20
尺寸稳定性	%	≤0.3		≤1.0
压缩强度	MPa	≥0.10		≥0.20
吸水率（V/V）	%	≤3		≤1.5
燃烧性能等级	—	不低于B_2级	B_1级	不低于B_2级

聚氨酯保温板主要性能指标应符合表6–3的规定，其他性能指标应符合现行国家标准《聚氨酯硬泡复合保温板》（JG/T 314—2012）的规定。

表6–3 聚氨酯保温板性能指标要求

项　　目	单位	性能指标	试验方法
表观密度	kg/m³	≥32	GB/T 6343—2009
导热系数	W/（m·K）	≤0.024	GB/T 10294—2008
压缩强度	MPa	≥0.15	GB/T 8813—2020
抗伸强度	MPa	≥0.15	—
吸水率（体积分数）	%	≤3	GB/T 8810—2005
燃烧性能		不低于B_2级	GB/T 8624—2012
尺度稳定性	%	80℃，48h ≤1.0	GB/T 8811—2008
		–30℃，48h ≤1.0	

（2）检验要求

检查方法：合格证、型式检验报告、进厂复试报告。

抽样数量：同一规格产品数量不超过 2000m³ 为一个检验批。

取样数量：每批随机抽取 1 块板材进行检验。

检验项目：表观密度、导热系数、压缩强度、吸水率（体积分数）、燃烧性能、尺度稳定性等。

10）夹心保温墙体连接件

（1）质量标准

预制混凝土夹心保温墙体所用纤维增强塑料连接件（FRP 连接件）应符合《预制保温墙体用纤维增强塑料连接件》（JG/T 561—2019）的要求，其中性能指标要求如表 6-4 所示。

表 6-4　纤维增强塑料连接件性能指标

序号	项　目	指标要求	试验方法
1	连接件拉伸强度标准值 /MPa	≥700	棒状连接件按 GB/T 30022—2013，片状连接件按 GB/T 1447—2005
2	连接件拉伸弹性模量 /GPa	≥40	棒状连接件按 GB/T 30022—2013，片状连接件按 GB/T 1447—2005
3	连接件层间剪切强度标准值 /MPa	≥30	JC/T 773—2010
4	连接件弯曲强度	满足产品说明书的要求	GB/T 1449—2005
5	连接件弯曲弹性模量	满足产品说明书的要求	GB/T 1449—2005
6	连接件材料的耐久性能	连接件材料的残余拉伸拉伸强度和残余层间剪切强度不低于初始值的 50%	JG/T 561—2019
7	连接件抗拔承载力标准值 /kN	≥6.0	JG/T 561—2019
8	连接件抗剪承载力 /kN	$15 \leqslant t \leqslant 30$ 时 ≥1.1； $30 \leqslant t \leqslant 50$ 时 ≥1.0； $50 \leqslant t \leqslant 70$ 时 ≥0.9； $70 \leqslant t \leqslant 90$ 时 ≥0.8； $90 \leqslant t \leqslant 120$ 时 ≥0.7。 其中，t 为保温层厚度，单位 mm	JG/T 561—2019

注：表中连接件拉伸强度标准值、层间剪切强度标准值、弯曲强度标准值应具有 95% 保证率，剪切弹性模量、弯曲弹性模量为平均值。

（2）检验要求

检查方法：合格证、型式检验报告、进厂复试报告。

抽样数量：同一厂家同一品种的产品，当单位工程建筑面积在

20000m² 以下时，各抽在不少于 3 次；当单位工程建筑面积在 20000m² 以上时，各抽查不少于 6 次。

取样数量：力学性能试验每组不少于 5 个试样，并保证同期有 5 个有效试样。

检验项目：拉伸强度、拉伸弹性模量、弯曲强度、弯曲弹性模量、剪切强度、导热系数。

11）外装饰材料

（1）质量标准

涂料和面砖等外装饰材料质量应符合现行国家相关标准的规定和设计规定。

当采用面砖饰面时，宜选用背面带燕尾槽的面砖，燕尾槽尺寸应符合现行国家相关标准的规定和设计要求，并按照《建筑工程饰面砖粘结强度检验标准》（JGJ/T 110—2017）做拉拔试验。其他外装饰材料应符合现行国家相关标准的规定。

（2）检验要求

外装饰材料的检验根据其材料种类按进厂的批次和产品的抽样检验方案确定。

12）吊装件

（1）质量标准

应对吊装预制构件采用的各类吊钉、吊件、吊具的质量进行检查并按有关规范进行检验。

（2）检查方法

合格证、型式检验报告、进厂复试报告。

2. 混凝土、钢筋连接接头、钢筋锚固板质量标准及检验要求

1）混凝土

（1）质量标准

混凝土配合比设计应符合现行国家标准《普通混凝土配合比设计规程》（JGJ 55—2011）的相关规定和设计要求。混凝土配合比宜有必要的技术说明，包括生产时的调整要求。

混凝土中氯化物和碱总含量应符合现行国家标准《混凝土结构设计规范》（GB 50010—2010）（2015 年版）的相关规定和设计要求。

混凝土中不得添加对钢材有锈蚀作用的外加剂。

混凝土强度应符合设计要求。预制构件混凝土强度等级不宜低于C30；预应力混凝土结构的混凝土强度等级不宜低于 C40，且不应低于

C30。现浇混凝土强度等级不应低于 C25。

（2）检验要求

预制构件一个检验批的混凝土应由强度等级相同、试验龄期相同、生产工艺和配合比基本相同的混凝土组成，试件的取样频率和数量应符合下列规定。

① 每 100 盘，但不超过 100m³ 的同配合比混凝土，取样次数不应少于一次。

② 每工作班拌样制的同配合比混凝土，不足 100 盘和 1000 m³ 时，其取样次数不应少于一次。

③ 当一次连续浇筑的同配合比混凝土超过 1000m³ 时，每 200m³ 取样不应少于一次。

④ 每次取样应至少留置一组标准养护试件，同条件养护试件的留置组数应根据实际需要确定。

当混凝土时间强度评定不合格时，可使用非破损或局部破损的方法，按现行国家相关标准的规定对预制构件的混凝土强度进推定，并作为处理的依据。

2）钢筋套筒灌浆连接接头

（1）质量标准

灌浆套筒进厂时，应抽取灌浆套筒并采用与之匹配的灌浆料制作对中连接接头试件，并进行抗拉强度检验。检验结果应满足：抗拉强度不应小于连接钢筋抗拉强度标准值，且破坏时应断于接头外钢筋。接头抗拉强度等于被连接钢筋的实际拉断强度或不小于 1.10 倍钢筋抗拉强度标准值，残余变形小并具有高延性及反复拉压性能。

（2）检查数量

对同一原材料、同一炉（批）号、同一类型、同一规格的灌浆套筒，不超过 1000 个为一检验批，每批随机抽取 3 个灌浆套筒制作对中连接接头试件。

接头试件应模拟施工条件并按施工方案制作。接头试件应在标准养护条件下养护 28d。

3）钢筋锚固板

（1）质量标准

钢筋锚固板质量应符合现行行业标准《钢筋锚固板应用技术规程》（JGJ 256—2011）的规定。

（2）检验要求

同一施工条件、同一批材料的同类型、同规格的螺纹连接锚固板应以 500 个作为一个验收批；焊接连接锚固板应以 300 个为一个验收批。螺纹和焊接连接锚固板每个验收批均抽取 3 个试件做抗拉强度试验；螺纹连接锚固板每个验收批抽取 10% 进行扭紧扭矩校核。

6.2.2　预制混凝土构件生产质量控制

生产过程的质量控制是预制构件质量控制的第二个关键环节，需要做好生产过程各个工序的质量控制、隐蔽工程验收、质量评定和质量缺陷的处理等工作。

1. 生产工序质量控制

构件生产通用工艺流程如下：模台清理 → 模具组装 → 钢筋及网片安装 → 预埋件及水电管线等预留预埋 → 隐蔽工程验收 → 混凝土浇筑 → 养护 → 脱模、起吊 → 成品验收 → 入库。

工序检查由各工序班组自行检查，检查数量为全数检查，应做好相应的检查记录。

1）模具组装的质量检查

模具组装前，首先需根据构件制作图核对模板的尺寸是否满足设计要求，然后对模板几何尺寸进行检查，包括模板与混凝土接触面的平整度、板面弯曲、拼装接缝等，再次对模具的观感进行检查，接触面不应有划痕、锈渍和氧化层脱落等现象。

模具几何尺寸的允许偏差及检查方法见表 6–5。

表 6–5　预制构件模具尺寸的允许偏差和检验方法

项次	检验项目及内容		允许偏差 / mm	检 验 方 法
1	长度	≤6m	1，−2	用钢尺量平行构件高度方向，取其中偏差绝对值较大处
		>6m 且 ≤12m	2，−4	
		>12m	3，−5	
2	截面尺寸	墙板	1，−2	用钢尺测量两端或中部，取其中偏差绝对值较大处
3		其他构件	2，−4	
4	对角线差		3	用钢尺量纵、横两个方向对角线
5	侧向弯曲		$l/1500$ 且 ≤5	拉线，用钢尺量测侧向弯曲最大处
6	翘曲		$l/1500$	对角拉线测量交点间距离值的两倍
7	底模表面平整度		2	用 2m 靠尺和塞尺量
8	组装缝隙		1	用塞片或塞尺量
9	端模与侧模高低差		1	用钢尺量

注：l 为模具与混凝土接触面中最长边的尺寸。

预埋件加工允许偏差和检验方法见表 6-6。

表 6-6　预埋件加工允许偏差和检验方法

项次	检验项目及内容		允许偏差 / mm	检验方法
1	预埋件锚板的边长		0, −5	用钢尺量
2	预埋件锚板的平整度		1	用直尺和塞尺量
3	锚筋	长度	10, −5	用钢尺量
		间距偏差	± 10	用钢尺量

2）钢筋骨架、钢筋网片的质量检查

钢筋骨架、钢筋网片入模后，应按构件制作图要求对钢筋规格、位置、间距、保护层等进行检查，其允许误差及检查方法见表 6-7。

表 6-7　钢筋安装允许偏差和检验方法

项　　目		允许偏差 / mm	检　验　方　法
绑扎钢筋网	长、宽	± 10	尺量
	网眼尺寸	± 20	尺量连续三档，取最大偏差值
绑扎钢筋骨架	长	± 10	尺量
	宽、高	± 5	尺量
纵向受力钢筋	锚固长度	−20	尺量
	间距	± 10	尺量两端、中间各一点，取最大偏差值
	排距	± 5	
纵向受力钢筋、箍筋的混凝土保护层厚度	基础	± 10	尺量
	柱、梁	± 5	尺量
	板、墙、壳	± 3	尺量
绑扎箍筋、横向钢筋间距		± 20	尺量连续三档，取最大偏差值
钢筋弯起点位置		20	尺量
预埋件	中心线位置	5	尺量
	水平高差	+3, 0	塞尺量测

注：检查中心线位置时，沿纵、横两个方向量测，并取其中偏差的较大值。

3）预埋件、预留孔洞等的质量检查

固定在模具上的预埋件、预留孔洞等应按预制构件设计制作图进行配置，其中心位置的允许偏差和检验方法如表 6-8 所示。

表 6–8 模具预留孔洞中心位置的允许偏差和检验方法

项次	检验项目及内容	允许偏差 / mm	检验方法
1	预埋件、插筋、吊环、预留孔洞中心线位置	3	用钢尺量
2	预埋螺栓、螺母中心线位置	2	用钢尺量
3	灌浆套筒中心线位置	1	用钢尺量

注：检查中心线位置时，应沿纵、横两个方向量测，并取其中的较大值。

4）外装饰面的质量检查

带外装饰面的预制构件宜采用水平浇筑一次成型反打工艺，混凝土浇筑前应对外装饰面的质量进行检查，确保外装饰面砖的图案、分格、色彩、尺寸符合设计要求，面砖敷设后表面应平整，接缝应顺直，接缝的宽度和深度符合设计要求。

预制构件外装饰允许偏差及检查方法应符合表 6–9 的规定。

表 6–9 预制构件外装饰允许偏差及检验方法

外装饰种类	项　　目	允许偏差 /mm	检　验　方　法
通用	表面平整度	2	2m 靠尺或塞尺检查
石材和面砖	阳角方正	2	用托线板检查
	上口平直	2	拉通线用钢尺检查
	接缝平直	3	用钢尺或塞尺检查
	接缝深度	± 5	
	接缝宽度	± 2	用钢尺检查

2. 隐蔽工程验收

在混凝土浇筑之前，应对每块预制构件进行隐藏工程验收，确保其符合设计要求和规范规定。企业的质检员和质量负责人负责隐蔽工程验收，验收内容包括原材料抽样检验和钢筋、模具、预埋件、保温板及外装饰面等工序安装质量的检验。原材料的抽样检验按照前述要求进行，钢筋、模具、预埋件、保温板及外装饰面等各安装工序的质量检验按照前要求进行。

隐蔽工程验收的范围为全数检查，验收完成应形成相应的隐蔽工程验收记录，并保留存档。具体检查项目包括以下几项。

（1）钢筋的牌号、规格、数量、位置、间距等。

（2）纵向受力钢筋的连接方式、接头位置、接头质量、接头面积白分率、搭接长度等。

（3）箍筋、横向钢筋的牌号、规格、数量、位置、间距，箍筋弯钩的弯折角度及平直段长度等。

（4）预埋件、吊环、插筋的规格、数量、位置等。

（5）灌浆套筒、预留孔洞的规格、数量、位置等。

（6）钢筋的混凝土保护层厚度。

（7）夹心外墙板的保温层位置、厚度，拉结件的规格、数量、位置等。

（8）预埋管线、线盒的规格、数量、位置及固定措施。

3. 构件外观质量及尺寸偏差验收

预制构件脱模后，应对其外观质量和尺寸进行检查验收。外观质量不宜有一般缺陷，不应有严重缺陷。对于已经出现的一般缺陷，应进行修补处理，并重新检查验收；对于已经出现的严重缺陷，修补方案应经设计、监理单位认可之后进行修补处理，并重新检查验收。预制构件叠合面的粗糙度和凹凸深度应符合设计及规范要求。

外观质量、尺寸偏差的验收要求及检验方法见表 6–10 和表 6–11。

表 6–10　预制构件外观质量判定方法

项　目	现　象	质　量　要　求	判定方法
露筋	钢筋未被混凝土完全包裹而外露	受力主筋不应有，其他构造钢筋和箍筋允许少量	观察
蜂窝	混凝土表面石子外露	受力主筋部位和支撑点位置不应有，其他部位允许少量	观察
孔洞	混凝土中孔穴深度和长度超过保护层厚度	不应有	观察
夹渣	混凝土中夹有杂物且深度超过保护层厚度	禁止夹渣	观察
外形缺陷	内表面缺棱掉角、表面翘曲、抹面凹凸不平，外表面面砖粘结不牢、位置偏差、面砖嵌缝没有达到横平竖直、转角面砖棱角不直、面砖表面翘曲不平	内表面缺陷基本不允许，要求达到预制构件允许偏差；外表面仅允许极少量缺陷，但禁止面砖粘结不牢，位置偏差、面砖翘曲不平不得超过允许值	观察
外表缺陷	内表面麻面、起砂、掉皮、污染，外表面面砖污染、窗框保护纸破坏	允许少量污染等不影响结构使用功能和结构尺寸的缺陷	观察
连接部位缺陷	连接处混凝土缺陷及连接钢筋、连接件松动	不应有	观察
破损	影响外观	影响结构性能的破损不应有，不影响结构性能和使用功能的破损不宜有	观察
裂缝	裂缝贯穿保护层到达构件内部	影响结构性能的裂缝不应有，不影响结构性能和使用功能的裂缝不宜有	观察

表 6–11 预制构件尺寸允许偏差及检验方法

项 目			允许偏差 / mm	检 验 方 法
长度	楼板、梁、柱、桁架	<12m	±5	尺量
		≥12m且<18m	±10	
		≥18m	±20	
	墙板		±4	
宽度、高（厚）度	楼板、梁、柱、桁架		±5	尺量一端及中部，取其中偏差绝对值较大处
	墙板		±4	
表现平整度	楼板、梁、柱、墙板内表面		5	2m 靠尺和塞尺量测
	墙板外表面		3	
侧向弯曲	楼板、梁、柱		L/750 且≤20	拉线、直尺量测最大侧向弯曲处
	墙板、桁架		L/1000 且≤20	
翘曲	楼板		L/750	调平尺在两端量测
	墙板		L/1000	
对角线	楼板		10	尺量两个对角线
	墙板		5	
预留孔	中心线位置		5	尺量
	孔尺寸		±5	
预留洞	中心线位置		10	尺量
	洞口尺寸、深度		±10	
预埋件	预埋板中心线位置		5	尺量
	预埋板与混凝土面平面高差		0, -5	
	预埋螺栓		2	
	预埋螺栓外露长度		+10, -5	
	预埋套筒、螺母中心线位置		2	
	预埋套筒、螺母与混凝土面平面高差		±5	
预留插筋	中心线位置		5	尺量
	外露长度		+10, -5	
键槽	中心线位置		5	尺量
	长度、宽度		±5	
	深度		±10	

注：1. L 为构件长度，单位为 mm。

2. 检查中心线、螺栓和孔道位置偏差时，沿纵、横两个方向量测，并取其中偏差较大值。

6.2.3 预制构件成品的出厂质量检验

预制混凝土构件出厂前应对其成品质量进行检查验收，合格后方可出厂。

1. 出厂检验的内容及标准

每块预制构件出厂前均应进行成品质量验收，其检查项目包括：

（1）预制构件的外观质量；

（2）预制构件的外形尺寸；

（3）预制构件的钢筋、连接套筒、预埋件、预留孔洞等；

（4）预制构件出厂前构件的外装饰和门门窗框。

预制构件验收合格后应在明显部位进行标识，内容包括构件名称、型号、编号、生产日期、出厂日期、质量状况、生产企业名称，并有检测部门及检验员、质量负责人签名。

2. 验收资料管理

预制构件出厂交付时，应向使用方提供以下验收资料：

（1）预制构件制作详图；

（2）预制构件隐蔽工程质量验收表；

（3）预制构件出厂质量验收表；

（4）钢筋进场复验报告；

（5）混凝土留样检验报告；

（6）保温材料、拉结杆、套筒等主要材料进场复验报告；

（7）产品合格证；

（8）产品说明书；

（9）其他相关的质量证明文件等资料。

6.3 装配式混凝土结构施工质量控制与验收

6.3.1 预制构件的进场验收

1. 验收程序

预制构件运至现场后，施工单位应组织构件生产企业、监理单位对预制构件的质量进行验收。施工单位应对构件进行全数验收，监理单位对构件质量进行抽检，发现存在影响结构质量或吊装安全的缺陷时，不得验收通过。未经进场验收或进场验收不合格的预制构件，严禁使用。

2. 验收内容

1）质量证明文件

施工单位应要求构件生产企业提供构件的产品合格证、说明书、试验报告、隐蔽验收记录等质量证明文件，对质量证明文件的有效性进行检查，并根据质量证明文件核对构件。

2）观感验收

在质量证明文件齐全、有效的情况下，对构件的外观质量、外形尺寸等进行验收。观感质量可通过观察和简单的测试确定，工程的观感质量应由验收人员通过现场检查，并共同确认，对影响观感及使用功能或质量评价为差的项目应进行返修。观感验收应符合相应的标准。

观感验收主要检查以下内容。

（1）预制构件粗糙面质量和键槽数量是否符合设计要求。

（2）预制构件吊装预留吊环、预留焊接埋件应安装牢固、无松动。

（3）预制构件的外观质量不应有严重缺陷。对已经出现的严重缺陷，应按技术处理方案进行处理，并重新检查验收。

（4）预制构件的预埋件、插筋及预留孔洞等规格、位置和数量应符合设计要求。对存在的影响安装及施工功能的缺陷，应按技术处理方案进行处理，并重新检查验收。

（5）预制构件的尺寸应符合设计要求，且不应有影响结构性能和安装、使用功能的尺寸偏差。对超过尺寸允许偏差且影响结构性能和安装、使用功能的部位，应按技术处理方案进行处理，并重新检查验收。

构件明显部位是否贴有标识构件型号、生产日期和质量验收合格的标志。

3）结构性能检验

在必要的情况下，应按要求对构件进行结构性能检验，具体要求如下。

（1）梁板类简支受弯预制构件进场时应进行结构性能检验，并应符合下列规定。

① 结构性能检验应符合现行国家相关标准规定及设计要求，检验要求和试验方法应符合《混凝土结构工程施工质量验收规范》（GB 50204—2015）的规定。

② 钢筋混凝土构件和允许出现裂缝的预应力混凝土构件应进行承载力、挠度和裂缝宽度检验；不允许出现裂缝的预应力混凝土构件应进行承载力、挠度和抗裂检验。

③ 对大型构件及有可靠应用经验的构件，可只进行裂缝宽度、抗裂和挠度检验。

④ 对使用数量较少的构件，当能提供可靠依据时，可不进行结构性能检验。

（2）对其他预制构件，如叠合板、叠合梁的梁板类受弯预制构件（叠合底板、底梁），除设计有专门要求外，进场时可不做结构性能检验。

（3）对进场时不做结构性能检验的预制构件，应采取下列措施。

① 施工单位或监理单位代表应驻厂监督制作过程。

② 当无驻厂监督时，预制构件进场时应对预制构件主要受力钢筋数量、规格、间距及混凝土强度等进行实体检验。

检验数量：同一类型（同一钢种、同一混凝土强度等级、同一生产工艺和同一结构形式）预制构件不超过 1000 个为一批，每批随机抽取 1 个构件进行结构性能检验。

检验方法：检查结构性能检验报告或实体检验报告。

6.3.2　预制构件安装施工过程的质量控制

装配式混凝土结构安装施工质量控制主要从施工前的准备、原材料的质量检验与施工试验、施工过程的工序检验、隐蔽工程验收、结构实体检验等多个方面进行。对装配式混凝土结构工程的质量验收有以下要求。

（1）工程质量验收均应在施工单位自检合格的基础上进行。

（2）参加工程施工质量验收的各方人员应具备相应的资格。

（3）检验批的质量应按主控项目和一般项目验收。

（4）对涉及结构安全、节能、环境保护和主要使用功能的试块、构配件及材料，应在进场时或施工中按规定进行见证检验。

（5）隐蔽工程在隐蔽前应由施工单位通知监理单位验收，并应形成验收文件，验收合格后方可继续施工。

（6）工程的观感质量应由验收人员现场检查，并应共同确认。

1. 施工前的准备

装配式混凝土结构施工前，施工单位应准确理解设计图纸的要求，掌握有关技术要求及细部构造，根据工程特点和有关规定，进行结构施工复核及验算，编制装配式混凝土专项施工方案，并进行施工技术交底。

装配式混凝土结构施工前，应由相关单位完成深化设计，并经原设计单位确认，施工单位应根据深化设计图纸对预制构件施工预留和预埋进行检查。

施工现场应具有健全的质量管理体系、相应的施工技术标准、施工质量检验制度和综合施工质量控制考核制度。

应根据装配式混凝土结构工程的管理和施工技术特点，对管理人员及作业人员进行专项培训，严禁未培训上岗及培训不合格上岗。

应根据装配式混凝土结构工程的施工要求，合理选择并配备吊装设备；应根据预制构件存放、安装和连接等要求，确定安装使用的工器具方案。

设备管线、电线、设备机器及建设材料、板类、楼板材料、砂浆、厨房配件等装修材料的水平和垂直起重，应按经修改编制并批准的施工组织设计文件（专项施工方案）具体要求执行。

2. 原材料质量检验与施工试验

除常规原材料检验和施工检验外，装配式混凝土结构应重点对灌浆料、钢筋套筒灌浆连接接头等进行检查验收。

1）灌浆料

（1）质量标准

灌浆料性能应符合《钢筋连接用套筒灌浆料》（JG/T 408—2019）的有关规定，抗压强度应符合表 6-12 的要求，且不应低于接头设计要求的灌浆料抗压强度。灌浆料竖向膨胀率应符合表 6-13 的要求。灌浆料拌合物的工作性能应符合表 6-14 的要求。灌浆料最好采用与构件内预埋套筒相匹配的灌浆料，否则需要完成所有验证检验，并对结果负责。

表 6-12　灌浆料抗压强度要求

时间（龄期）/ d	抗压强度 /（N·mm^{-2}）
1	≥35
3	≥60
28	≥85

表 6-13　灌浆料竖向膨胀率要求

项　　目	竖向膨胀率 /%
3h	0.02~2
24h 与 3h 差值	0.02~0.40

表 6-14　灌浆料拌合物的工作性能要求

项　　目		工作性能要求
流动度 /mm	初始	≥300
	30min	≥260
泌水率 /%		0

（2）检验要求

检查方法：产品合格证、型式检验报告、进厂复试报告。

检查数量：在 15d 内生产的同配方、同批号原材料的产品应以 50t 为一生产批号，不足 50t 的，也应作为一生产批号。

取样数量：从多个部位取等量样品，样品总量不应少于 30kg。

取样方法：同水泥取样方法。

检验项目：抗压强度、流动度、竖向膨胀率。

2）灌浆料试块

施工现场灌浆施工中，应同时在灌浆地点制作灌浆料试块，每工作班取样不得少于一次，每楼层取样不得少于 3 次。每次抽取 1 组试件，每组 3 个试块，试块规格为 40mm×40mm×160mm 灌浆料强度试件，标准养护 28d 后，做抗压强度试验。抗压强度应不小于 85N/mm² 并应符合设计要求。

3）钢筋套筒灌浆连接接头

（1）工艺检验

第一批灌浆料检验合格后，灌浆施工前，应对不同钢筋生产企业的进场钢筋进行接头工艺检验。施工过程中，当更换钢筋生产企业，或同生产企业生产的钢筋外形尺寸与已完成工艺检验的钢筋有较大差异，或灌浆的施工单位变更时，应再次进行工艺检验。每种规格钢筋应制作 3 个对中套筒灌浆连接接头，并应检查灌浆质量。采用灌浆料拌合物制作 40mm×40mm×160mm 试件不少于 1 组。接头试件与灌浆料试件应在标准养护条件下养护 28d。

每个接头试件的抗拉强度不应小于连接钢筋抗拉强度标准值，且破坏时应断于接头外钢筋，屈服强度不应小于连接钢筋屈服强度标准值；3 个接头试件残余变形的平均值应不大于 0.10（钢筋直径不大于 32mm）或 0.14（钢筋直径大于 32mm）。灌浆料抗压强度应不小于 85N/mm²。

（2）施工检验

施工过程中，应按照同一原材料、同一炉（批）号、同一类型、同一规格的 1000 个灌浆套筒为一个检验批，每批随机抽取 3 个灌浆套筒制作接头。接头试件应在标准养护条件下养护 28d 后进行抗拉强度检验，检验结果应满足：抗拉强度不小于连接钢筋强度值，且破坏时应断于接头外钢筋。

4）坐浆料试块

预制墙板与下层现浇构件接缝采取坐浆料处理时，应按照设计单位提供的配合比制作坐浆料试块。每工作班取样不得少于一次，每次制作不少于 1 组试件，每组 3 个试块，试块规格为 40mm×40mm×160mm，标准养护 28d 后做抗压强度试验。28d 标准养护块抗压强度应满足设计要求，并高于预制剪力墙混凝土抗压强度 10MPa 以上，且不应低于 40MPa。当接缝灌浆与套筒灌浆同时施工时，可不再单独留置抗压试块。

3. 施工过程中的工序检验

对于装配式混凝土结构，施工过程中主要涉及模板与支撑、钢筋、混凝土和预制构件安装 4 个分项工程。其中，模板与支撑、钢筋、混凝土分项工程的检验要求除满足一般现浇混凝土结构的检验要求外，还应满足装配式混凝土结构的质量检验要求。

1）模板及支撑

（1）主控项目

预制构件安装临时固定支撑应稳固、可靠，应符合设计、专项施工方案要求及相关技术标准规定。

检查数量：全数检查。

检查方法：观察检查，检查施工记录或设计文件。

（2）一般项目

装配式混凝土结构中后浇混凝土结构模板安装的偏差应符合表 6-15 的规定。

表 6-15　模板安装允许偏差

项　　目		允许偏差 /mm	检验方法
轴线位置		5	尺量
底模上表面标高		±5	水准仪或拉线、尺量
模板内部尺寸	基础	±10	尺量
	柱、墙、梁	±5	尺量
	楼梯相邻踏步高差	5	尺量
柱、墙垂直度	层高≤6m	8	经纬仪或吊线、尺量
	层高＞6m	10	经纬仪或吊线、尺量
相邻模板表面高差		2	尺量
表面平整度		5	2m 靠尺和塞尺量测

注：检查轴线位置，当有纵横两个方向时，沿纵、横两个方向量测，并取其中偏差的较大值。

检查数量：在同一检验批内，对梁和柱，应抽查构件数量的 10%，且不少于 3 件；对墙和板，应按有代表性的自然间抽查 10%，且不小于 3 件。

2）钢筋

装配式混凝土结构中后浇混凝土中连接钢筋、预埋件安装位置允许偏差应符合表 6-7 钢筋安装允许偏差和检验方法的规定。

检查数量：在同一检验批内，对梁和柱，应抽查构件数量的 10%，且不少于 3 件；墙和板，应按有代表性的自然间抽查 10%，且不小于 3 件。

3）混凝土

（1）主控项目

① 装配式混凝土结构安装连接节点和连接接缝部位的后浇混凝土强度应符合设计要求。

检查数量：每工作班同配合比的混凝土取样不得少于 1 次，每次取样至少留置 1 组标准养护试块，同条件养护试块的留置组数宜根据实际需要确定。

检查方法：检查施工记录及试件强度试验报告。

② 装配式混凝土结构后浇混凝土的外观质量不应有严重缺陷。对已经出现的严重缺陷，应由施工单位提出技术处理方案，并经监理（建设）单位认可后处理。对经处理的部位，应重新检查验收。

检查数量：全数检查。

检验方法：观察检查、检查技术处理方案。

（2）一般项目

装配式混凝土结构后浇混凝土的外观质量不宜有一般缺陷。对已经出现的一般缺陷，应由施工单位按技术处理方案处理，并重新检查验收。

检查数量：全数检查。

检验方法：观察，检查技术处理方案。

4）预制构件安装

（1）主控项目

① 对于工厂生产的预制构件，进场时应检查其质量证明文件和表面标识。预制构件的质量、标识应符合设计要求及现行国家相关标准的规定。

检查数量：全数检查。

检查方法：观察检查、检查出厂合格证及相关质量证明文件。

② 预制构件安装就位后，连接钢筋、套筒或浆锚的主要传力部位不应出现影响结构性能和构件安装施工的尺寸偏差。

对已经出现的影响结构性能的尺寸偏差，应由施工单位提出技术处理方案，并经监理（建设）单位许可后处理。对经过处理的部位，应重新检查验收。

检查数量：全数检查。

检查方法：观察，检查技术处理方案。

③ 预制构件安装完成后，外观质量不应有影响结构性能的缺陷。对已经出现的影响结构性能的缺陷，应由施工单位提出技术处理方案，并经监理（建设）单位认可后处理。对经过处理的部位，应重新检查验收。

检查数量：全数检查。

检查方法：观察，检查技术处理方案。

④ 预制构件与主体结构之间，预制构件与预制构件之间的钢筋接头应符合设计要求。施工前应对接头施工进行工艺检验。

采用机械连接时，接头质量应符合现行行业标准《钢筋机械连接技术规程》（JGJ 107—2016）的要求；采用灌浆套筒时，接头抗拉强度及残余变形应符合现行行业标准《钢筋机械连接技术规程》（JGJ 107—2016）中Ⅰ级接头的要求；采用浆锚搭接连接钢筋时，浆锚搭接连接接头的工艺检验应按有关规范执行。

采用焊接连接时，接头质量应符合现行行业标准《钢筋焊接及验收规程》（JGJ 18—2012）的要求，检查焊接产生的焊接应力和温差是否造成预制构件出现影响结构性能的缺陷，对已经出现的缺陷，应处理合格后，再进行混凝土浇筑。

检查数量：全数检查。

检查方法：观察，检查施工记录和检测报告。

⑤ 灌浆套筒进场时，应抽取套筒采用与之匹配的灌浆料制作对中连接接头，并做抗拉强度检验，检验结果应符合现行行业标准《钢筋机械连接技术规程》（JGJ 107—2016）中Ⅰ级接头对抗拉强度的要求。接头的抗拉强度不应小于连接钢筋抗拉强度标准值，且破坏时应断于接头外钢筋。

检查数量：同一原材料、同一炉（批）号、同一类型、同一规格的灌浆套筒，检验批量不应大于 1000 个，每批随机抽取 3 个灌浆套筒制作接头。并应制作不少于 1 组 40mm×40mm×160mm 灌浆料强度试件。

检查方法：检查质量证明文件和抽样检测报告。

⑥ 灌浆套筒进场时，应抽取试件检验外观质量和尺寸偏差，检验结果应符合现行行业标准《钢筋连接用灌浆套筒》（JG/T 398—2019）的有关规定。

检查数量：同原材料、同一炉（批）号、同一类型、同一规格的灌浆套筒，检验批量不应大于 1000 个，每批随机抽取 10 个灌浆套筒。

检查方法：观察，尺量检查。

⑦ 灌浆料进场时，应对其拌合物 30min 流动度、泌水率及 1d 强度、28d 强度、3h 膨胀率进行检验，检验结果应符合现行行业标准《钢筋套筒连接用灌浆料》（JG/T 408—2019）和设计的有关规定。

检查数量：同一成分、同一工艺、同一批号的灌浆料，检验批量不应大于 50t，每批按现行行业标准《钢筋套筒连接用灌浆料》（JG/T 408—2019）的有关规定随机抽取灌浆料制作试件。

检查方法：检查质量证明文件和抽样检测报告。

⑧ 施工现场灌浆施工中，灌浆料的 28d 抗压强度应符合设计要求及现行行业标准《钢筋套筒连接用灌浆料》（JG/T 408—2019）的规定，用于检验强度的试件应在灌浆地点制作。

检查数量：每工作班取样不得少于 1 次，每楼层取样不得少于 3 次。每次抽取 1 组试件，每组 3 个试块，试块规格为 40mm×40mm×160mm 灌浆料强度试件，标准养护 28d 做抗压强度试验。

检查方法：检查灌浆施工记录及试件强度试验报告。

⑨ 后浇连接部分的钢筋品种、级别、规格、数量和间距应符合设计要求。

检查数量：全数检查。

检查方法：观察，钢尺检查。

⑩ 预制构件外墙板与构件、配件的连接应牢固、可靠。

检查数量：全数检查。

检查方法：观察。

⑪ 连接节点的防腐、防锈、防火和防水构造措施应满足设计要求。

检查数量：全数检查。

检查方法：观察，检查检测报告。

⑫ 承受内力的接头和拼缝，当其混凝土强度未达到设计要求时，不得吊装上一层结构构件；当设计无具体要求时，应在混凝土强度不少于 10MPa 或具有足够的支撑时，方可吊装上一层结构构件。

已安装完毕的装配式混凝土结构，应在混凝土强度达到设计要求后，方可承受全部荷载。

检查数量：全数检查。

检查方法：观察，检查混凝土同条件试件强度报告。

⑬ 装配式混凝土结构预制构件连接接缝处防水材料应符合设计要求，并具有合格证、厂家检测报告及进厂复试报告。

检查数量：全数检查。

检查方法：观察，检查出厂合格及相关质量证明文件。

（2）一般项目

① 预制构件的外观质量不宜有一般缺陷。

检查数量：全数检查。

检查方法：观察检查，如表 6–16 所示。

表 6–16　预制构件外观质量判定方法

项　目	现　象	质量要求	判定方法
露筋	钢筋未被混凝土完全包裹而外露	受力主筋不应有，其他构造钢筋和箍筋允许少量	观察
蜂窝	混凝土表面石子外露	受力主筋部位和支撑点位置不应有，其他部位允许少量	观察
孔洞	混凝土中孔穴深度和长度超过保护层厚度	不应有	观察
夹渣	混凝土中夹有杂物且深度超过保护层厚度	禁止夹渣	观察
外形缺陷	内表面缺棱掉角、表面翘曲、抹面凹凸不平，外表面面砖粘结不牢、位置偏差、面砖嵌缝没有达到横平竖直、转角面砖棱角不直、面砖表面翘曲不平	内表面缺陷基本不允许，要求达到预制构件允许偏差；外表面仅允许极少量缺陷，但禁止面砖粘结不牢、位置偏差、面砖翘曲不平，不得超过允许值	观察
外表缺陷	内表面麻面、起砂、掉皮、污染，外表面面砖污染、窗框保护纸破坏	允许少量污染等不影响结构使用功能和结构尺寸的缺陷	观察
连接部位缺陷	连接处混凝土缺陷及连接钢筋、连接件松动	不应有	观察
破损	影响外观	影响结构性能的破损不应有，不影响结构性能和使用功能的破损不宜有	观察
裂缝	裂缝贯穿保护层到达构件内部	影响结构性能的裂缝不应有，不影响结构性能和使用功能的裂缝不宜有	观察

② 预制构件的尺寸偏差应符合表 6–17 的规定。对于施工过程临时使用的预埋件中心线位置及后浇混凝土部位的预制构件尺寸偏差，可按表中的规定放大一倍执行。

检查数量：按同一生产企业、同一品种的构件，不超过 1000 个为一批，每批抽查构件数量的 5%，且不少于 3 件。

表 6-17 预制构件的尺寸允许偏差

项 目			允许偏差 / mm	检验方法
长度	板、梁、柱、桁架	＜12m	± 5	尺量检查
		≥12m 且 ＜18m	± 10	
		≥18m	± 20	
	墙板		± 4	
宽 度、高 (厚)度	板、梁、柱、桁架截面尺寸		± 5	钢尺量一端及中部，取其中偏差绝对值较大处
	墙板的高度、厚度		± 3	
表面平整度	板、梁、柱、墙板内表面		5	2m 靠尺和塞尺检查
	墙板外表面		3	
侧向弯曲	板、梁、柱		$l/750$ 且 ≤20	拉线、钢尺量最大侧向弯曲处
	墙板、桁架		$l/1000$ 且 ≤20	
翘曲	板		$l/750$	调平尺在两端量测
	墙板		$l/1000$	
对角线差	板		10	钢尺量两个对角线
	墙板、门窗口		5	
挠度变形	梁、板、桁架设计起拱		± 10	拉线、钢尺量最大弯曲处
	梁、板、桁架下垂		0	
预留孔	中心线位置		5	尺量检查
	孔尺寸		± 5	
预留洞	中心线位置		10	
	洞口尺寸、深度		± 10	
门窗口	中心线位置		5	
	宽度、高度		± 3	
预埋件	预埋件锚板中心线位置		5	
	预埋件锚板与混凝土面平面高差		0，−5	
	预埋螺栓中心线位置		2	
	预埋螺栓外露长度		+10，−5	
	预埋套筒、螺母中心线位置		2	
	预埋套筒、螺母与混凝土面平面高差		0，−5	
	线管、电盒、木砖、吊环在构件平面的中心线位置偏差		20	
	线管、电盒、木砖、吊环与构件表面混凝土高差		0，−10	
预留插筋	中心线位置		3	
	外露长度		+5，−5	
键槽	中心线位置		5	
	长度、宽度、深度		± 5	

注：1. l 为构件最长边的长度（mm）。

2. 检查中心线、螺栓和孔道位置偏差时，应沿纵横两个方向量测，并取其中偏差较大值。

③ 装配式混凝土结构钢筋套筒连接或浆锚搭接连接灌浆应饱满，所有出浆口均应出浆。

检查数量：全数检查。

检查方法：观察检查。

④ 装配式混凝土结构安装完毕后，预制构件安装尺寸允许偏差应符合表 6-18 的要求。

表 6-18　预制构件安装尺寸允许偏差

项　　目			允许偏差 /mm	检 验 方 法
构件中心线对轴线位置	基础		15	尺量检查
	竖向构件（柱、墙、桁架）		10	
	水平构件（梁、板）		5	
构件标高	梁、柱、墙、板底面或顶面		±5	水准仪或尺量检查
构件垂直度	柱、墙	<5m	5	经纬仪或全站仪量测
		≥5m 且 <10m	10	
		≥10m	20	
构件倾斜度	梁、桁架		5	垂线、钢尺量测
相邻构件平整度	板端面		5	钢尺、塞尺量测
	梁、板底面	抹灰	5	
		不抹灰	3	
	柱、墙侧面	外露	5	
		不外露	10	
构件搁置长度	梁、板		±10	尺量检查
支座、支垫中心位置	板、梁、柱、墙、桁架		10	
墙板接缝	宽度		±5	
	中心线位置			

检查数量：按楼层、结构缝或施工段划分检验批。在同一检验批内，对梁、柱应抽查构件数量的 10%，且不少于 3 件；对于墙和板，应按有代表性的自然间抽查 10% 且不少于 3 间；对大空间结构，墙可按相邻轴线间高度 5m 左右划分检查面，板可按纵、横轴线划抽查面，抽查 10%，且均不少于 3 面。

⑤ 装配式混凝土结构预制构件的防水节点构造做法应符合设计要求。

检查数量：全数检查。

检查方法：观察检查。

⑥ 建筑节能工程进厂材料和设备的复验报告、项目复试要求，应按

有关规范规定执行。

检查数量：全数检查。

检查方法：检查施工记录。

4. 隐蔽工程验收

装配式混凝土结构工程应在安装施工及浇筑混凝土前完成下列隐蔽项目的现场验收。

（1）预制构件与预制构件之间、预制构件与主体结构之间的连接应符合设计要求。

（2）预制构件与后浇混凝土结构连接处混凝土粗糙面的质量或键槽的数量、位置。

（3）后浇混凝土中钢筋的牌号、规格、数量、位置。

（4）钢筋连接方式、接头位置、接头数量、接头面积百分率、搭接长度、锚固方式、锚固长度。

（5）结构预埋件、螺栓连接、预留专业管线的数量与位置。构件安装完成后，在对预制混凝土构件拼缝进行封闭处理前，应对接缝处的防水、防火等构造做法进行现场验收。

5. 结构实体检验

对于装配式混凝土结构工程，对涉及混凝土结构安全的有代表性的连接部位及进厂的混凝土预制构件应做结构实体检验。结构实体检验分现浇和预制部分，包括混凝强度、钢筋直径、间距、混凝土保护层厚度以及结构位置与尺寸偏差。当工程合同有约定时，可根据合同确定其他检验项目和相应的检验方法、检验数量、合格条件。

结构实体检验应由监理工程师组织并见证，混凝土强度、钢筋保护层厚度应由具有相应资质的检测机构完成，结构位置与尺寸偏差可由专业检测机构完成，也可由监理单位组织施工单位完成。为保证结构实体检验的可行性、代表性，施工单位应编制结构实体检验专项方案，并经监理单位审核批准后实施。结构实体混凝土同条件养护试件强度检验的方案应在施工前编制，其他检验方案应在检验前编制。

装配式混凝土结构位置与尺寸偏差检验同现浇混凝土结构，混凝土强度、钢筋保护层厚度检验可按下列规定执行：

（1）连接预制构件的后浇混凝土结构同现浇混凝土结构；

（2）进场时，不进行结构性能检验的预制构件部位同现浇混凝土结构；

（3）进场时，按批次进行结构性能检验的预制构件部分可不进行。

凝土强度检验宜采用同条件养护试块或钻取芯样的方法，也可采用非破损方法检测。混凝土强度及钢筋直径、间距、混凝土保护层厚度不满足设计要求时，应委托具有资质的检测机构按现行国家有关标准的规定做检测鉴定。

6.3.3 装配式混凝土结构子分部工程的验收

装配式混凝土结构应按混凝土结构子分部工程进行验收，装配式结构部分可作为混凝土结构子分部工程的分项工程进行验收。现场施工的模板支设、钢筋绑扎、混凝土浇筑等内容应分别纳入模板、钢筋、混凝土、预应力等分项工程进行验收。混凝土结构子分部工程的划分如图 6-3 所示。

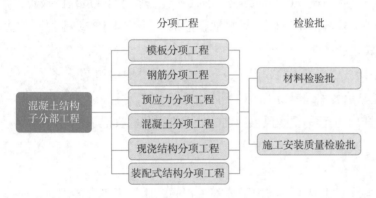

图 6-3 混凝土结构子分部工程的划分

1. 验收应具备的条件

装配式混凝土结构子分部工程施工质量验收应符合下列规定：

（1）预制混凝土构件安装及其他有关分项工程施工质量验收合格；

（2）质量控制资料完整，符合要求；

（3）观感质量验收合格；

（4）结构实体验收满足设计或标准要求。

2. 验收程序

根据现行国家标准《建筑工程施工质量验收统一标准》（GB 50300—2013）的规定，混凝土分部工程验收由总监理工程师组织施工单位项目负责人和项目技术、质量负责人进行验收。当主体结构验收时，设计单位项目负责人和施工单位技术、质量部门负责人应参加。鉴于装配式结构工程刚刚兴起，各地区对验收程序提出更严格的要求，要求建设单位组织设计、施工、监理和预制构件生产企业共同验收并形成验收意见，对规范中未包括的验收内容，应组织专家论证验收。

3. 验收时应提交的资料

装配式混凝土结构工程验收时应提交以下资料：

（1）施工图设计文件；

（2）工程设计单位确认的预制构件深化设计图，设计变更文件；

（3）装配式混凝土结构工程所用各种材料、连接件及预制混凝土构件的产品合格证书、性能测试报告、进场验收记录和复试报告；

（4）装配式混凝土工程专项施工方案；

（5）预制构件安装施工验收记录；

（6）钢筋套筒灌浆或钢筋浆锚搭接连接的施工检验记录；

（7）隐蔽工程检查验收文件；

（8）后浇筑节点的混凝土、灌浆料、坐浆材料强度检测报告；

（9）外墙淋水试验、喷水试验记录，卫生间等有防水要求的房间蓄水试验记录；

（10）分项工程验收记录；

（11）装配式混凝土结构实体检验记录；

（12）工程的重大质量问题的处理方案和验收记录；

（13）其他质量保证资料。

4. 不合格处理

当装配式混凝土结构子分部工程施工质量不符合要求时，应按下列规定进行处理：

（1）经返工、返修或更换构件、部件的检验批，应重新进行验收；

（2）经有资质的检测机构检测鉴定能够达到设计要求的检验批，应予以验收；

（3）经有资质的检测机构检测鉴定达不到设计要求，但经原设计单位核算并认可能够满足结构安全和使用工程的检验批，可予以验收；

（4）经返修或加固处理能够满足结构安全使用功能要求的分项工程，可按技术处理方案和协商文件的要求予以验收。

6.4 装配式建筑施工安全管理

装配式建筑的发展给建设项目的安全管理带来了新的挑战，如何保障施工过程的安全，是工业化顺利发展的先决条件，是我国建筑行业应承担的首要责任。下面从预制构件运输、现场存放、吊装、临时支撑体系、脚手架工程、高处作业安全防护 6 个方面具体阐述装配式建筑施工安全管理的要点。

6.4.1　预制构件运输

对于预制混凝土剪力墙等构件，其长度与宽度应该远远大于厚度，而且由于正立的放置方式会因为构件自身的稳定性较差而发生倾倒，因此应采用带有侧向护栏或者其他固定措施的专用运输架进行运输，以保障构件在运输过程中的稳定性与安全性。

6.4.2　预制构件现场堆放

预制构件从工厂运输到现场尚未进行吊装前，应该统一分类存放于专门的构件存放区。存放区的地面应平整、排水通畅，并且具有足够的地基承载能力。存放区位置应便于起重设备对构件的一次起吊就位，尽可能地避免构件在现场发生二次转运。对于应放置在专用存放架上的预制构件，应按照要求摆放以避免构件倾覆造成损失。此外，应严格禁止工人由于非工作原因在存放区长时间逗留或休息。

6.4.3　预制构件吊装

合理确定起重设备需要具备的能力并选择合适的起重设备。预制构件的吊装是装配式建筑施工中的关键环节，吊装构件的起重设备型号的选择、数量的确定、位置的规划布置等会直接影响到项目施工进度、质量甚至施工过程的安全。因此根据所需预制构件的外形、尺寸、质量、数量、所处楼层的位置等具体的情况分别汇总列表，再依此确定起重设备需要具备的能力并选择合适的起重设备。

避免盲目施工、无序施工以及起重设备超载等不安全事件的发生。在制定装配式建筑施工分区方案和施工流水方案的基础上，施工单位应该建立装配式建筑施工定时定量施工分析规划，根据每天各时间段需要使用的起重设备和需要进行吊装的构件数量以及需要配备的工人数量等，将近期的详细施工计划用定量分析表的形式列出，并且按表施工。如需变更，应该根据变更及时对定量分析表进行修改。通过定时定量施工分析，可以避免盲目施工、无序施工以及起重设备超载等不安全事件的发生。

对塔吊等起重设备采取严格的附着措施。预制构件往往自重较大，因此对于塔吊等起重设备的附着措施的要求十分严格。在预制构件进行工厂批量生产之前，建设单位与施工单位应就附墙杆件与结构连接点所处的位置向预制工厂进行交底，使连接螺栓预埋件在构件预制的过程中就已经完成准确到位，以方便在之后施工阶段塔吊附着措施的精确安装。根据规范要求，附墙杆件与结构之间的连接应采用竖向位移限制、水平向转动自由的铰接形式。并且附墙措施的所有构件宜采用与塔吊型号一致的原厂设计加工的标准构件，并依照说明书进行安装。因特殊原因无法采用上述标准构件时，施工单位应提供非标附墙构件的设计方案、图纸、计算书，经施工单位审批合格后组织专家进行论证，论证合格后方可制造、安装、使用。

预制构件吊运采用专用吊架。预制构件的吊运，应根据预制构件不同的外形、尺寸、质量等特征，采用专用的吊架（平衡梁）配合吊装。采用专用吊架协助预制构件起吊能够使构件在吊装工况下处于正常的受力状态，不至于使构件损坏，同时也保证了工人在进行安装操作过程中处于高效、方便以及相对安全的状态。

此外，对于较大吨位预制构件的起吊，构件起吊离地后，应保持该状态约10s，观察起重设备、钢丝绳、吊点以及起吊构件的状态是否处于正常状态，确认无异常情况后再继续进行吊运。在预制构件吊装的过程中，要实时监测风力、风向对吊运中构件摆动的影响，避免构件意外地碰撞到主体结构或者其他临时设施。遇到六级及以上大风的天气时，应及时停止吊装作业。

6.4.4 预制构件临时支撑体系

1. 预制剪力墙、柱的临时支撑体系

预制剪力墙、柱在吊装就位、吊钩脱钩前，均需设置临时支撑以维持构件自身的稳定，避免发生倾覆造成不必要的损失。根据规范要求，斜撑与地面的夹角宜为55°~60°，上支撑点宜设置在不低于构件高度2/3的位置处，支撑高度必须大于构件重心的高度。为避免高大剪力墙等构件底部发生滑动，还可以在构件下部再增设一道短斜撑。

2. 预制梁、楼板的临时支撑体系

预制梁、楼板在吊装就位、吊钩脱钩前，从后期受力状态与临时架设稳定性考虑，可以设置工具式钢管立柱、盘扣式支撑架等形式的临时支撑。

3. 临时支撑体系的拆除

临时支撑体系的拆除，应该严格按照安全专项施工方案实施。对于预制剪力墙、柱的斜撑，在同层结构施工完毕、现浇段混凝土强度达到规定要求后方可拆除；对于预制梁、楼板的临时支撑体系，应根据同层及上层结构施工过程中的受力要求确定拆除时间，在相应结构层施工完毕、现浇段混凝土强度达到规定要求后方可拆除。

6.4.5　脚手架工程

外脚手架的搭设，能够为施工人员进行预制外墙施工提供操作平台和有效的安全防护措施。外挂脚手架的挂点应事前安装于预制外墙上，完成首层外墙的吊装施工后，可以直接通过起重设备将挂架的各单元吊装于事前安装在预制外墙上的挂点的槽口内，形成上层结构的施工操作平台，并作为施工人员的安全防护保障，而且挂架可以随着施工的进程逐步向上提升，方便施工的连续、顺利进行。

6.4.6　高处作业安全防护

高处作业的施工人员处于坠落隐患凸显的位置。因此，高处作业时，除了加强安全教育培训、监管等措施外，还可以通过设置安全母索和防坠安全平网等方式对高空坠落事故进行主动防范。

--- 读书笔记 ---

课后练习题

1. 简述装配式建筑工程项目管理模式。

2. 简述预制构件生产用原材料的检验要点。

3. 简述预制混凝土构件的生产质量控制要点。

4. 简述预制构件成品的出厂质量检验要点。

5. 简述预制构件的进场验收程序及内容。

6. 简述预制构件安装施工过程的质量控制要点。

7. 简述装配式混凝土结构子分部工程的验收程序。

8. 简述装配式建筑施工各环节安全管理要点。

9. 查阅资料，阐述"质量强国战略"的内涵和意义。作为建筑行业后备军，应如何从现在做起，不断强化质量意识？

参 考 文 献

[1] 中华人民共和国住房和城乡建设部. 预制混凝土剪力墙外墙板：15G365-1 [S]. 北京：中国计划出版社，2015.

[2] 中华人民共和国住房和城乡建设部. 预制混凝土剪力墙内墙板：15G365-2 [S]. 北京：中国计划出版社，2015.

[3] 中华人民共和国住房和城乡建设部. 装配式混凝土结构表示方法及示例（剪力墙结构）：15G366-1 [S]. 北京：中国计划出版社，2015.

[4] 中华人民共和国住房和城乡建设部. 预制钢筋混凝土板式楼梯：15G367-1 [S]. 北京：中国计划出版社，2015.

[5] 中华人民共和国住房和城乡建设部. 预制钢筋混凝土阳台板、空调板及女儿墙：15G368-1 [S]. 北京：中国计划出版社，2015.

[6] 中华人民共和国住房和城乡建设部. 装配式混凝土结构住宅建筑设计示例（剪力墙结构）：15J939-1 [S]. 北京：中国计划出版社，2015.

[7] 中华人民共和国住房和城乡建设部. 桁架钢筋混凝土叠合板（60mm 厚底板）：15G107-1 [S]. 北京：中国计划出版社，2015.

[8] 中华人民共和国住房和城乡建设部. 装配式混凝土连接节点构造：15G310-1 [S]. 北京：中国计划出版社，2015.

[9] 中华人民共和国住房和城乡建设部. 装配式混凝土连接节点构造：15G310-2 [S]. 北京：中国计划出版社，2015.

[10] 中华人民共和国住房和城乡建设部. 装配式混凝土结构技术规程：JGJ 1—2014 [S]. 北京：中国建筑工业出版社，2014.

[11] 戚豹 . 钢结构工程施工 [M]. 北京：中国建筑工业出版社，2010.

[12] 张弘 . 现代木结构构造与施工 [M]. 北京：中国建筑工业出版社，2012.

[13] 住房和城乡建设部住宅产业化促进中心. 大力推广装配式建筑必读：制度·政策·国内外发展[M].北京：中国建筑工业出版社，2016.

[14] 住房和城乡建设部住宅产业化促进中心. 大力推广装配式建筑必读：技术·标准·成本与效益[M].北京：中国建筑工业出版社，2016.

[15] 陈锡宝，杜国城 . 装配式混凝土建筑概论 [M]. 上海：上海交通大学出版社，2017.

[16] 胡兴福 . 建筑结构 [M]. 4 版 . 北京：中国建筑工业出版社，2017.

[17] 卢家森 . 装配整体式混凝土框架实用设计方法 [M]. 长沙：湖南大学出版社，2016.

[18] 夏峰，张弘 . 装配式混凝土建筑生产工艺与施工技术 [M]. 上海：上海交通大学出版社，2017.

[19] 刘晓晨，王鑫，李洪涛，等. 装配式混凝土建筑概论 [M]. 重庆：重庆大学出版社，2018.

[20] 张波 . 装配式混凝土结构工程 [M]. 北京：北京理工大学出版社，2016.

[21] 林艺馨，詹耀裕. 工业化建筑市场运营与策略 [M]. 南京：东南大学出版社，2018.

[22] 张建荣，郑晟. 装配式混凝土建筑识图与构造 [M]. 上海：上海交通大学出版社，2017.

[23] 赵富荣，李天平，马晓鹏，等. 装配式建筑概论 [M]. 哈尔滨：哈尔滨工程大学出版社，2019.

[24] 陈文元. 建筑结构与识图 [M]. 2 版. 重庆：重庆大学出版社，2018.

[25] 陈鹏，叶财华，姜荣斌. 装配式混凝土建筑识图与构造 [M]. 北京：机械工业出版社，2020.

附录1　装配式混凝土建筑施工图

装配式剪力
墙结构图纸

装配式框架
结构图纸

附录 2　本书教学资源

序号	二维码	名　　称	序号	二维码	名　　称
1		教学单元 1 单元学习指引	10		装配式混凝土结构体系
2		教学单元 2 单元学习指引	11		钢筋套筒连接接头
3		教学单元 3 单元学习指引	12		钢筋浆锚搭接连接
4		教学单元 4 单元学习指引	13		预制柱
5		教学单元 5 单元学习指引	14		预制梁
6		教学单元 6 单元学习指引	15		预制墙板
7		什么是装配式建筑	16		预制楼板
8		装配式钢结构体系	17		预制楼梯
9		木结构体系	18		双向叠合板接缝构造

续表

序号	二维码	名 称	序号	二维码	名 称
19		预制夹心保温墙生产	29		铝模的安装
20		叠合板制作	30		图 3-6 BIM 模型
21		灌浆施工	31		图 3-8 BIM 模型
22		剪力墙板的安装	32		图 3-9 BIM 模型
23		叠合楼板的安装	33		图 3-14 BIM 模型
24		预制楼梯的安装	34		图 3-16 BIM 模型
25		叠合墙板的安装	35		图 3-18 BIM 模型
26		装配整体式框架结构施工流程	36		图 3-19 BIM 模型
27		框架柱的安装	37		教学课件
28		预制梁的安装			